Abenteuer Technik

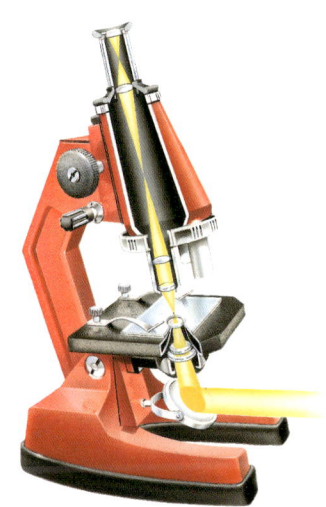

Die Deutsche Bibliothek – CIP-Einheitsaufnahme

Ein Titeldatensatz für diese Publikation ist bei
Der Deutschen Bibliothek erhältlich

1 2 3   04 03 02

Text: Ian Graham
Grafik: Colin Brown/Garden Studio; Lynette R. Cook;
Christer Eriksson; Rod Ferring; Chris Lyon/Brihton Illustration;
Martin Macrae/Folio; David Mathews/Brihton Illustration;
Peter Mennim; Darren Pattenden/Garden Studio; Oliver Rennert;
Trevor Ruth; Stephen Seymour/Bernard
Thornton Artists, UK; Nick Shewring/Garden Studio;
Kevin Stead; Ross Watton/Garden Studio; Rod Westblade;
David Wood

Lizenzausgabe für den Ravensburger Buchverlag
Otto Maier GmbH
© 2002 Ravensburger Buchverlag Otto Maier GmbH
Alle Rechte, auch die des auszugsweisen Nachdrucks,
der fotomechanischen Wiedergabe
und der Übersetzung, vorbehalten

Rechte der Originalausgabe:
Weldon Owen Pty Limited
Titel der Originalausgabe: How things work
© Weldon Owen Pty Limited
© der deutschen Originalausgabe bei Der Club – RM Buch
und Medien Vertrieb GmbH und der angeschlossenen
Buchgemeinschaften

Übersetzung aus dem Englischen und deutsche Bearbeitung:
Hans Peter Thiel/Marcus Würmli
Redaktion: Maike Dreyer
Umschlaggestaltung: vitamin_Be
Printed in Germany
ISBN 3-473-35944-0

www.ravensburger.de

Abenteuer Technik

Ravensburger Buchverlag

Inhalt

• ENERGIE •

Windkraft	6
Die Kraft des Wassers	8
Übertragung von Strom	10
Sonnenkraftwerk	12

• MASCHINEN •

Zeitmesser	14
Zeit und Kraft gespart	16
Im Büro	18
Hoch hinaus	20
Einkaufen leicht gemacht	22
Im Krankenhaus	24

• TELEKOMMUNIKATION •

Verbindung halten	26
Botschaften aus dem Weltraum	28
Die Welt wird kleiner	30
Vielseitiger Helfer	32

• FREIZEIT UND UNTERHALTUNG •

Vergrößern	34
Schnappschuss	36
Bewegte Bilder	38
Auf dem Rummelplatz	39
Schallaufzeichnung	44
Musik in unseren Ohren	46
Die Welt im Bild	48

• VERKEHR •

Auf der Straße	50
Auf der Schiene	52
Durch die Ozeane	54
In der Luft	56
Im Weltraum	58
Naturgesetze	60
Fachbegriffe	62
Register	64

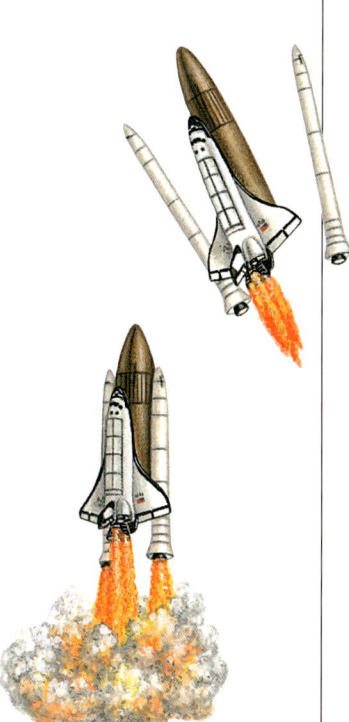

Windkraft

Seit über 5000 Jahren nutzt der Mensch die Kraft des Windes. Der Wind treibt Segelboote auf Flüssen, Seen und Meeren an. Er bewegt die Flügel von Windmühlen, die Getreide mahlen oder Wasser hochpumpen. Wind ist bewegte Luft und enthält Energie. Diese kann man mit großen Segeln oder Rotoren nutzbar machen. Der Wind leistet dann Arbeit. Als im vorigen Jahrhundert die Elektrizität aufkam, wurden die meisten Windmühlen stillgelegt. Heute treiben moderne Windanlagen Generatoren an, die Strom erzeugen. An manchen besonders windreichen Stellen der Erde entstanden richtige Windfarmen, zum Beispiel in Kalifornien und an der Nordseeküste. Der Wind dreht dort Rotoren, die wie Flugzeugpropeller aussehen und auf hohen Türmen stehen. Bereits Mitte dieses Jahrhunderts könnte man ein Zehntel der benötigten Elektrizität mit solchen Windturbinen erzeugen.

Windfarmen
In Gegenden mit viel Wind baut man Windfarmen. Computer steuern ihre Ausrichtung und den Anstellwinkel der Rotorblätter. Wenn diese sich drehen, treiben sie Generatoren an.

Rotorblätter
Der Anstellwinkel der Rotorblätter lässt sich je nach Windgeschwindigkeit so einrichten, dass möglichst viel Strom erzeugt wird.

Tanker mit Windkraft
Dieses Schiff verfügt zusätzlich zu den Antriebsmotoren über steife Glasfasersegel. Bei Wind setzt es Segel und spart so Energie. Computer stellen die Segel vollautomatisch auf Windgeschwindigkeit und Windrichtung ein.

Leitungen
In unterirdischen Kabeln fließt der Strom ab, den die Generatoren in den Gondeln erzeugen.

Getriebe
Das Getriebe ist mit der Turbinenwelle verbunden und steuert die Drehgeschwindigkeit des Generators.

Generator
Der Generator verwandelt die Drehbewegung in elektrischen Strom.

Turbinenwelle
Der Wind versetzt die Rotorblätter auf der Turbinenwelle in Drehung. Ihre Tourenzahl hängt also von der Windstärke ab.

Gondel
Die Gondel mit der gesamten Anlage ist drehbar gelagert, sodass sich die Rotorblätter immer in Windrichtung stellen. Das Windkraftwerk wird von einem Computer gesteuert.

SELBST GEMACHT

Eine Windmühle: Ein quadratisches Stück Papier an den Diagonalen rund ein Drittel der Länge weit einschneiden und in jede Ecke ein Loch stechen (1. Schritt). Die vier Ecken zur Blattmitte hin umlegen (2. Schritt). Alle vier Zipfel mit einer Stecknadel befestigen und diese so in einen Trinkhalm stechen, dass sich das Rad frei drehen kann (3. Schritt). Das Windrad nun anblasen oder in eine steife Brise halten.

Turm
Im Inneren des Turms verlaufen die Kabel, durch die der erzeugte Strom aus der Gondel nach unten geleitet wird.

Vergangene Zeiten
Mit solchen Windmühlen mahlte man früher Getreide zu Mehl.

Dachkappe
Die Dachkappe mit den Flügeln war drehbar gelagert und konnte dadurch stets zum Wind hin ausgerichtet werden.

Windrad
Das Windrad drehte die Dachkappe immer in die Windrichtung.

Trichter
Vom Trichter fällt ständig Getreide auf die darunter liegenden Mühlsteine.

Welle
Die Drehbewegung der Flügel wird auf die Welle gelenkt, auf der die Mühlsteine sitzen.

Stoffüberzogene Flügel
Über das Holzgerüst der Windflügel ist grober Stoff gespannt, um möglichst viel Wind einzufangen.

Mühlsteine
Zwei runde Steine zermahlen das Getreide auf der Platte zu Mehl.

Zum Weiterlesen 56–57

Die Kraft des Wassers

Über zwei Drittel der Erdoberfläche sind von Wasser bedeckt. Es fließt in Bächen, Flüssen und Strömen ins Meer. Die endlose Bewegung des Wassers macht man sich auf einfache Weise zu Nutze: Seit Jahrhunderten lässt man es auf Wasserräder laufen und treibt damit Mühlen an. Auf ähnliche Weise wandeln Wasserkraftwerke die Energie des fließenden Wassers in elektrischen Strom um. In gebirgigen Gegenden, wo es hohe Niederschläge gibt, errichtet man oft gewaltige Staudämme. Eine solche Talsperre staut das Wasser eines Flusses zu einem großen See auf. Ein Teil des Wassers fließt ständig ab und treibt die Turbinen im Kraftwerk an. Die Turbinen sind nichts anderes als moderne Versionen der alten Wasserräder. Sie werden von den herabstürzenden Wassermassen in schnelle Drehung versetzt und treiben ihrerseits die Generatoren an, die elektrischen Strom erzeugen.

Überlandleitungen
In dicken Kabeln fließt der elektrische Strom mit sehr hoher Spannung vom Kraftwerk zum Verbraucher.

Hochwasserentlastung
Wenn das Wasser hinter der Talsperre zu hoch ansteigt, werden die Schützen geöffnet.

Kontrollraum
Ingenieure im Kontrollraum steuern das gesamte Wasserkraftwerk.

Bewässerung
Das Wasser für dieses Bewässerungssystem stammt aus einem aufgestauten Fluss mit einem Wasserkraftwerk.

Auslauf
Wenn das Wasser die Turbine verlässt, hat es die meiste Energie abgegeben.

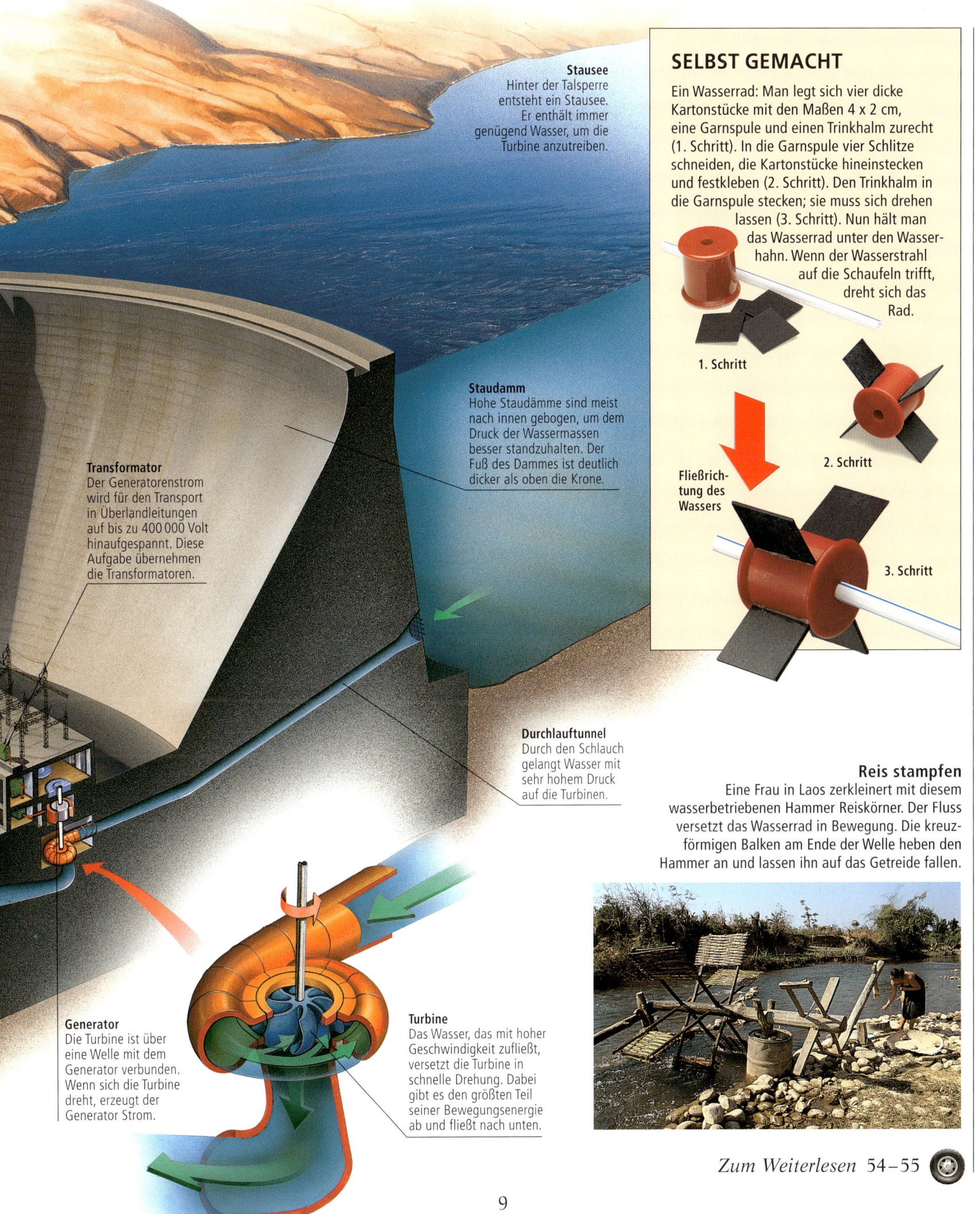

Übertragung von Strom

Der elektrische Strom wird aus Kernenergie, Wärme oder bewegtem Wasser gewonnen und muss vom Kraftwerk zum Verbraucher gelangen. Die Verteilung der Energie ist immer gleich: Transformatoren auf dem Umspannfeld des Kraftwerks erhöhen die Spannung des Generatorstroms bis auf 400 000 Volt. In Hochspannungsleitungen fließt er zu den Verteilerzentren. Auf dem Weg in die Fabriken, Büros und Wohnhäuser wird er mehrfach heruntertransformiert. Der Strom, der am Ende der Leitung aus der Steckdose kommt, hat je nach Land eine unterschiedliche Spannung: in Europa 230 Volt, in Amerika 110 Volt. Die Länder Europas stehen in einem Stromverbund: Hat ein Land zu wenig Strom, dann hilft ein anderes über das Verbundnetz mit elektrischer Energie aus.

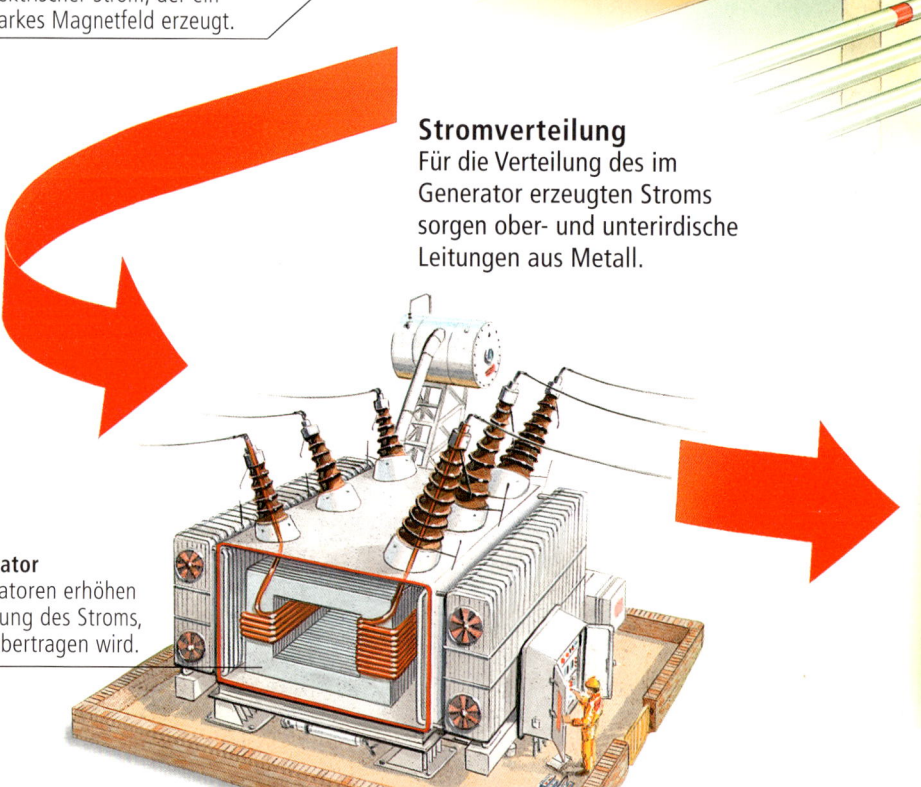

Generator
Wenn sich eine Drahtspule in einem Magnetfeld bewegt, fließt Strom in diesem Draht. Dieses Prinzip nutzen die Generatoren. Der Rotor dreht sich dabei sehr schnell im Stator. Die Generatoren werden von Wasser- oder Dampfturbinen angetrieben.

Rotor
Der Rotor aus Drahtspulen dreht sich rasend schnell. Dabei fließt durch die Spulen elektrischer Strom, der ein starkes Magnetfeld erzeugt.

Stromverteilung
Für die Verteilung des im Generator erzeugten Stroms sorgen ober- und unterirdische Leitungen aus Metall.

Anode
Ein Kohlestab dient als positive Elektrode.

Elektrolyt
Der Elektrolyt ist eine salzhaltige chemische Paste.

Kathode
Der Zinkmantel der Batterie bildet die negative Elektrode.

Transformator
Transformatoren erhöhen die Spannung des Stroms, bevor er übertragen wird.

Batterie
Verbindet man die Pole einer Batterie durch einen elektrischen Leiter, fließt Strom. Er entsteht durch chemische Reaktion zwischen dem negativen Pol, der Kathode, und dem Elektrolyten. Der Strom fließt durch den Stromkreis und kehrt zum positiven Pol, der Anode, zurück.

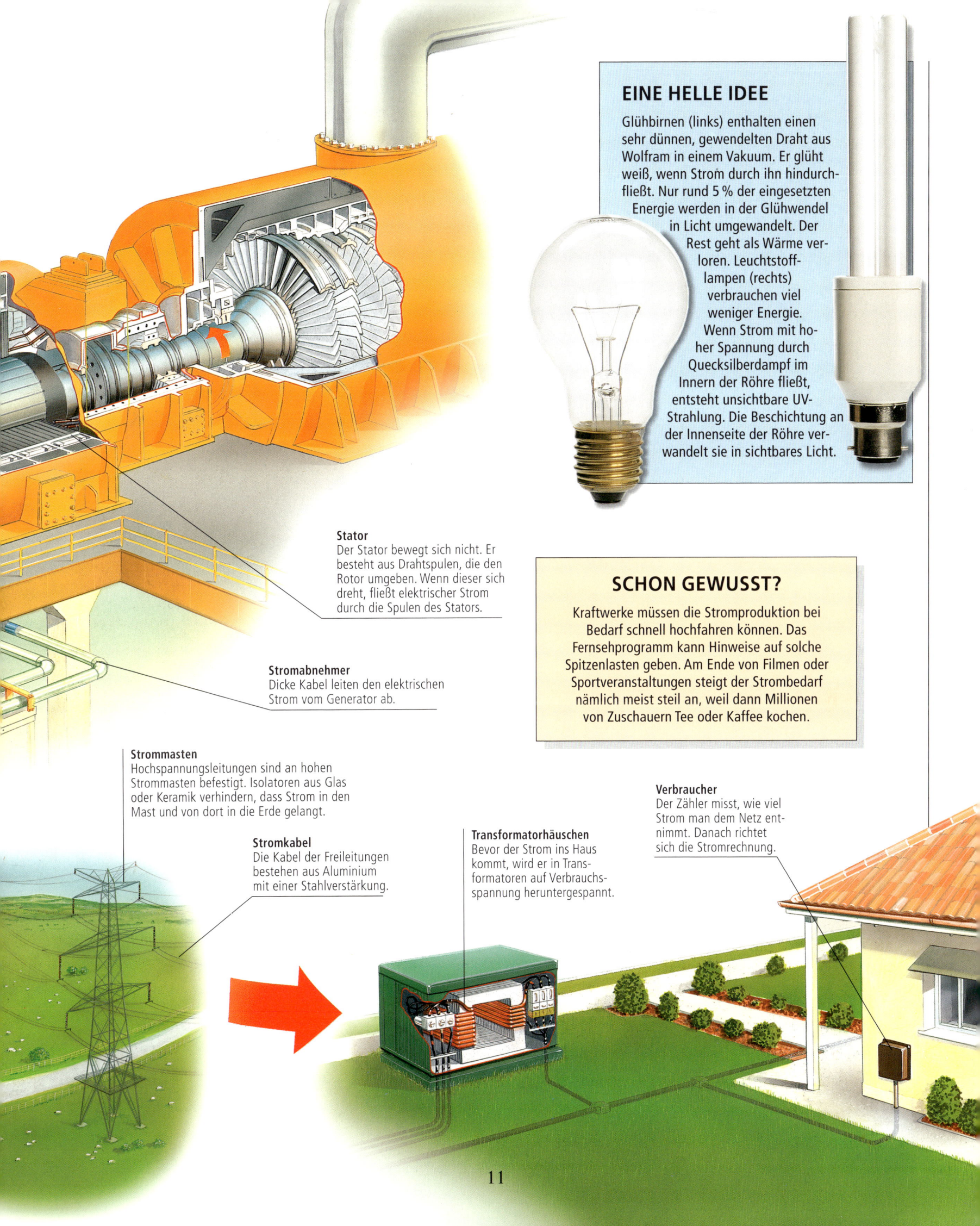

EINE HELLE IDEE

Glühbirnen (links) enthalten einen sehr dünnen, gewendelten Draht aus Wolfram in einem Vakuum. Er glüht weiß, wenn Strom durch ihn hindurchfließt. Nur rund 5 % der eingesetzten Energie werden in der Glühwendel in Licht umgewandelt. Der Rest geht als Wärme verloren. Leuchtstofflampen (rechts) verbrauchen viel weniger Energie. Wenn Strom mit hoher Spannung durch Quecksilberdampf im Innern der Röhre fließt, entsteht unsichtbare UV-Strahlung. Die Beschichtung an der Innenseite der Röhre verwandelt sie in sichtbares Licht.

Stator
Der Stator bewegt sich nicht. Er besteht aus Drahtspulen, die den Rotor umgeben. Wenn dieser sich dreht, fließt elektrischer Strom durch die Spulen des Stators.

SCHON GEWUSST?

Kraftwerke müssen die Stromproduktion bei Bedarf schnell hochfahren können. Das Fernsehprogramm kann Hinweise auf solche Spitzenlasten geben. Am Ende von Filmen oder Sportveranstaltungen steigt der Strombedarf nämlich meist steil an, weil dann Millionen von Zuschauern Tee oder Kaffee kochen.

Stromabnehmer
Dicke Kabel leiten den elektrischen Strom vom Generator ab.

Strommasten
Hochspannungsleitungen sind an hohen Strommasten befestigt. Isolatoren aus Glas oder Keramik verhindern, dass Strom in den Mast und von dort in die Erde gelangt.

Verbraucher
Der Zähler misst, wie viel Strom man dem Netz entnimmt. Danach richtet sich die Stromrechnung.

Stromkabel
Die Kabel der Freileitungen bestehen aus Aluminium mit einer Stahlverstärkung.

Transformatorhäuschen
Bevor der Strom ins Haus kommt, wird er in Transformatoren auf Verbrauchsspannung heruntergespannt.

Energie sparen
Energiesparhäuser brauchen wesentlich weniger Energie als normale Häuser. Sie sind zwar noch an das Stromnetz angeschlossen, erzeugen aber mit Solarzellen selbst Strom. Überschüssige Strommengen können sie sogar in das Netz einspeisen.

Warm halten
Der größte Teil der Wärmeenergie, den ein Haus verliert, entweicht über das Dach. Die Dächer von Energiesparhäusern sind deswegen besonders gut isoliert.

Solarzellen
Wenn Sonnenlicht auf eine Solarzelle fällt, wird es direkt in elektrische Energie umgewandelt.

Sonnenkraftwerk

Die Sonne ist unsere größte Energiequelle. Wir erhalten 20 000-mal mehr Energie von diesem Stern, als wir tatsächlich benötigen. Doch wir können bisher nur einen Teil davon nutzen. Das geschieht mit Hilfe von Solarzellen. Sie werden in Taschenrechnern ebenso wie in Satelliten oder experimentellen Solarautos eingesetzt und verwandeln das Sonnenlicht direkt in elektrischen Strom. Viele Häuser haben auch Sonnenkollektoren auf dem Dach. Diese nutzen die Sonnenwärme: Wasser fließt durch schwarz gestrichene Röhren und wird dabei aufgeheizt. Die Sonnenenergie ist absolut sauber und umweltfreundlich. Die fossilen Brennstoffe hingegen, aus denen wir immer noch den größten Teil unserer Energie gewinnen, geben bei der Verbrennung schädliche Stoffe an die Luft ab. Fossile Brennstoffe wie Kohle und Erdöl werden irgendwann einmal zur Neige gehen. Die Sonne jedoch wird noch weitere fünf Milliarden Jahre lang die Erde mit ihrer Energie versorgen.

Südseite
Dieses Haus ist so gebaut, dass die Südseite im Laufe des Tages möglichst viel Sonnenenergie aufnehmen und speichern kann.

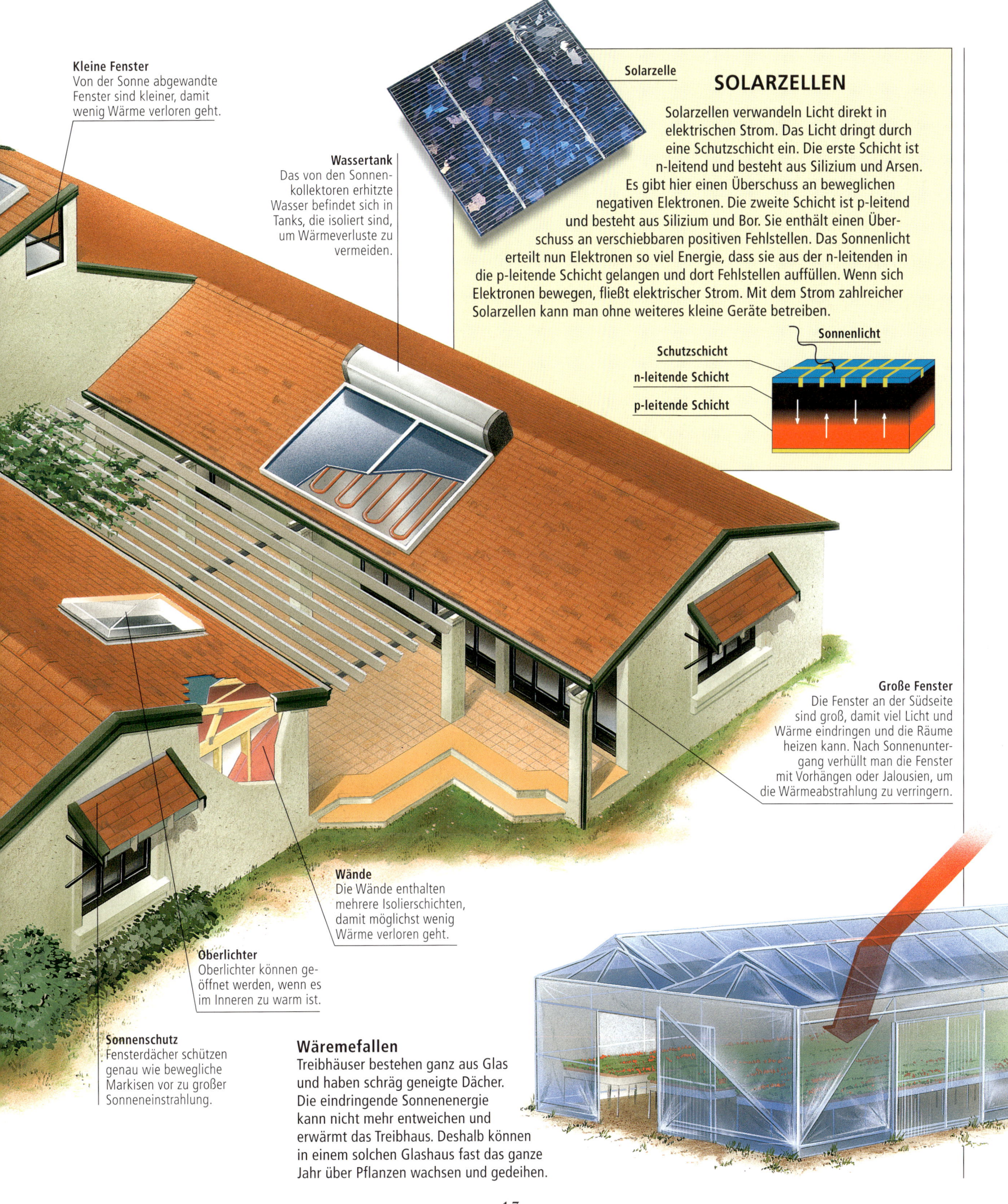

SCHON GEWUSST?

Zeitmesser gibt es schon seit mindestens 3000 Jahren. Die Sonnenuhr beruht auf einer einfachen Beobachtung: Während die Sonne den Himmel scheinbar überquert, bewegt sich auch der Schatten, den sie auf die Erde wirft. Wenn man den Weg des Schattens in regelmäßige Abschnitte unterteilt, lässt sich damit die Zeit ungefähr bestimmen.

Anker
Der Anker regelt die Geschwindigkeit der Uhr. Er schwingt mit dem Pendel hin und her und gibt dabei das Ankerrad frei. Dieses bewegt sich jeweils um einen Zahn weiter.

Stundenzeiger
Der Stundenzeiger dreht sich einmal alle zwölf Stunden um das Zifferblatt.

Minutenzeiger
Der Minutenzeiger bewegt sich zwölfmal schneller als der Stundenzeiger und dreht sich in einer Stunde einmal um das Zifferblatt.

Pendel
Ein schwingendes Pendel steuert die Bewegung des Ankers.

Zeitmesser

Seit Jahrtausenden versucht der Mensch, die Zeit zu messen. Die ersten Vorrichtungen dazu waren aber sehr ungenau. Als Maß für die Zeit nahm man den Stand der Sonne, ausfließendes Wasser oder herabrieselnden Sand. Erst um 1300 kamen mechanische Uhren auf. Sie sind viel genauer und bestehen zur Hauptsache aus drei Teilen: einer Energiezufuhr, einem Mechanismus zur Regelung dieser Energie und einer Anzeige. Ein Gewicht oder die Spannung einer aufgewickelten Feder liefert die nötige Energie. Das Gewicht fällt nach unten, die Feder entrollt sich. Dabei werden ineinander greifende Zahnräder bewegt. Sie treiben Zeiger an, die gleichmäßig über das Zifferblatt kreisen. Bei großen Uhren schwingt ein Pendel mit konstanter Geschwindigkeit und regelt die Bewegung des Ankers. Elektronische Uhren haben einen Quarzkristall im Inneren, der 32 768-mal pro Sekunde hin- und herschwingt. Schaltkreise berechnen daraus die Zeitanzeige.

Das Zielfoto
Läufer überqueren die Ziellinie oft genau im selben Augenblick. Man nimmt dann fotografische Aufnahmen zu Hilfe, um zu entscheiden, wer Erster oder Zweiter ist.

Räderuhr
Die Zahnräder des Uhrwerks sorgen dafür, dass sich der Minutenzeiger zwölfmal so schnell dreht wie der Stundenzeiger.

Der Gang
Das Gewicht hängt an einer Schnur, die um eine Welle aufgewickelt ist. Während sich die Schnur abrollt, wird die Welle gedreht.

Die Zeit stoppen
Die meisten Athleten halten ihre Trainingsfortschritte mit Stoppuhren fest. Diese sind bis auf eine hundertstel Sekunde genau. Moderne Stoppuhren können bis zu 100 Messungen speichern und die Zeiten auf Wunsch sogar ausdrucken.

MIT PENDEL ODER QUARZKRISTALL

Pendeluhren und Quarzuhren enthalten vergleichbare Bauteile. Beide verfügen über eine sehr genau gehende Schwingungsvorrichtung (links). Eine weitere Vorrichtung verwandelt die Schwingungen in Zeitimpulse (Mitte). Die Anzeige gibt dann die Uhrzeit entweder analog oder digital an (rechts).

Pendel **Anker** **Analoge Anzeige**

Quarzkristall **Mikrochip** **Digitale Anzeige**

Zum Weiterlesen 32–33

Staubsauger
Staubsauger funktionieren ähnlich wie ein Trinkhalm, durch den man die Flüssigkeit ansaugt. Im Staubsaugerschlauch entsteht ein kräftiger Sog, der die Staubteilchen mitreißt. Diese werden vom Staubbeutel im Inneren der Maschine zurückgehalten.

Mikrowellengerät
Mikrowellengeräte arbeiten mit energiereichen Radiowellen von sehr geringer Wellenlänge (Mikrowellen). Die Wellen erhitzen im Nu die Speisen innen und außen. In einem gewöhnlichen Herd dringt die Wärme von außen nur langsam ins Innere der Speisen vor.

Zeit und Kraft gespart

Maschinen im Haushalt erleichtern uns das Leben, dadurch haben wir mehr Zeit für andere Dinge. Noch vor 200 Jahren war der ganze Tag mit Hausarbeiten ausgefüllt. Man musste Wasser vom Brunnen holen, das Essen über dem offenen Feuer kochen und das Haus mit dem Besen kehren. Heute gibt es Wasserleitungen, Elektroherde und Staubsauger. Waschmaschinen waschen die Wäsche vollautomatisch nach einem vorgegebenen Programm. Am Schluss des Waschgangs wird sie geschleudert. Manche Waschmaschinen besitzen sogar einen eingebauten Trockner. Ebenso vollautomatisch reinigen Geschirrspüler verschmutzte Teller und Töpfe. Kühlschränke und Tiefkühlgeräte halten unser Essen lange Zeit frisch, sodass wir nicht jeden Tag einkaufen müssen. Und Mikrowellengeräte tauen tiefgefrorene Nahrung in Minutenschnelle auf.

Staubbeutel

Mit der Luft werden Staub- und Schmutzteilchen in den Staubbeutel gesogen. Die Luft entweicht durch feine Löcher im Beutel, die Staubteilchen bleiben zurück. Neuere Staubsauger enthalten Mikrofilter, die selbst allerfeinsten Staub festhalten.

Gebläse
Eine Turbine saugt Luft und Staubteilchen durch den beweglichen Schlauch an.

Motor
Für den Antrieb des Gebläses sorgt ein Elektromotor. Die meisten Staubsauger lassen eine Regelung der Motorleistung und damit auch der Saugkraft zu.

Isolierung

Das Mikrowellengerät hat eine doppelte Wand mit einer Isolation dazwischen. Das verhindert Wärmeverluste.

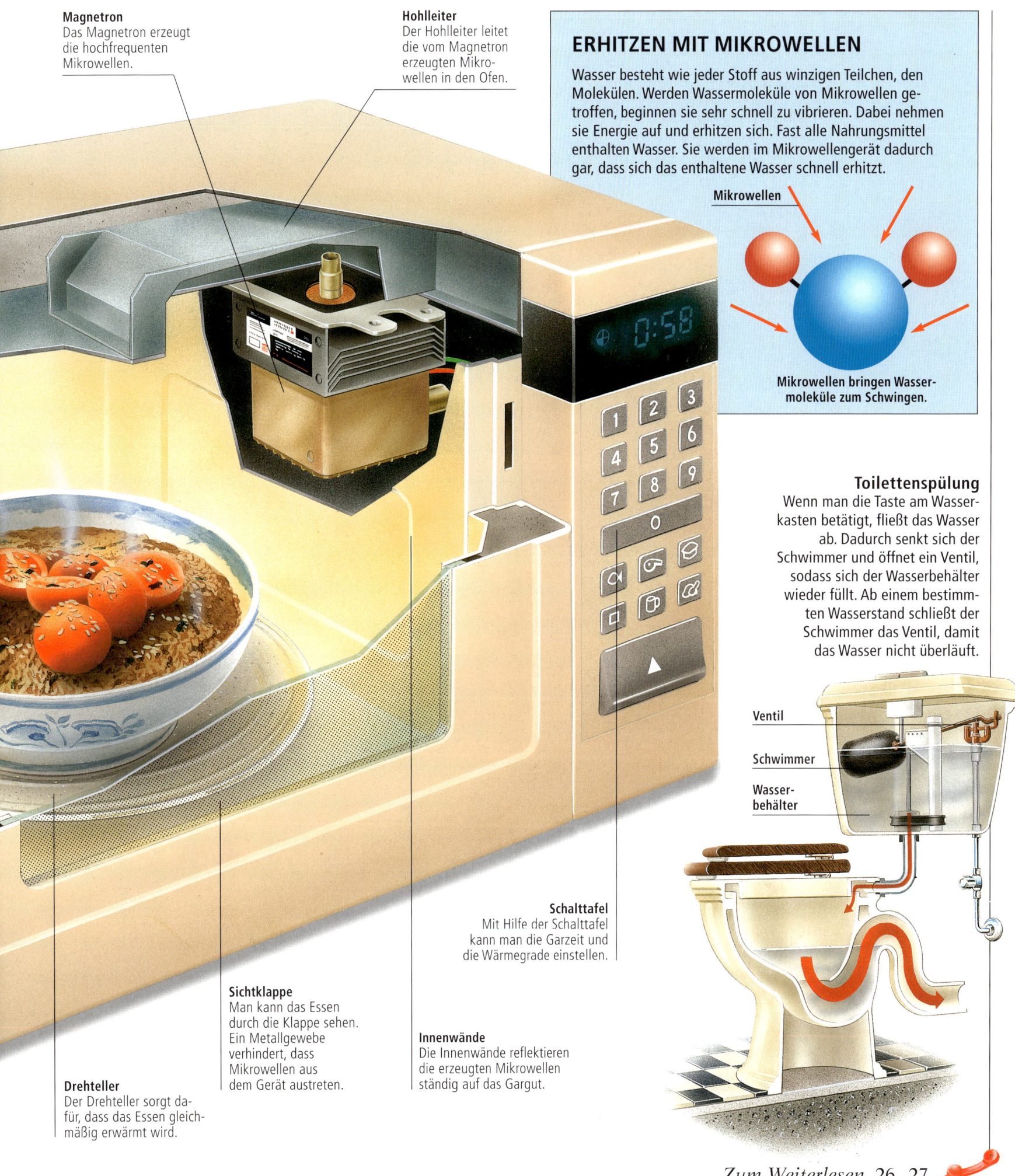

Im Büro

Durch das Telefon können Menschen heute über größte Entfernungen miteinander reden. Doch das weltweite Telefonnetz kann mehr als nur Sprache transportieren. Moderne Büros sind darauf angewiesen, dass Informationen in kürzester Zeit ausgetauscht werden können. Sie nutzen das Telefonnetz, um mit Hilfe von Computern und Faxgeräten rasch Verbindungen herzustellen. Faxgeräte sind nichts anderes als Fernkopierer. Sie schicken einen gedruckten Text, einen handgeschriebenen Brief oder eine Zeichnung innerhalb von Sekunden in alle Teile der Welt. Dabei rastert das Faxgerät das Bild auf dem Papier in einzelne schwarze oder weiße Punkte auf und verwandelt die Informationen über diese Punkte in elektrische Signale. Diese werden an das zweite Faxgerät gesandt, das aus diesen Informationen eine Kopie des Dokuments erstellt. Auf ähnliche Weise tauschen auch Computer Daten aus. Man spricht dabei von E-Mail oder elektronischer Post.

Trommel
Die Trommel dreht sich und zieht an den unbelichteten Punkten den Toner an. Dieses Pulver wird dann auf Papier übertragen und erzeugt die Fernkopie.

Druckkopf
Die eingehenden Signale lösen entsprechende Lichtblitze aus. Das Licht fällt auf die elektrisch geladene Trommel. Die belichteten Punkte auf der Trommel verlieren ihre elektrische Ladung, die unbelichteten nicht. An diesen setzt sich der Toner fest und wird auf das Papier übertragen.

Tastatur
Hier gibt man die Telefonnummer des Empfängers ein.

Kurzwahltasten
Häufig verwendete Telefonnummern gibt man in den Speicher des Faxgerätes ein. Man braucht dann nur noch eine Taste zu drücken; das Gerät wählt die entsprechende Nummer automatisch.

Bildsensor
Der Sensor tastet die Vorlage zeilenweise ab und verwandelt die Schwarz-Weiß-Werte in elektrische Signale, die dann gesendet werden.

WIE DAS FAXGERÄT FUNKTIONIERT

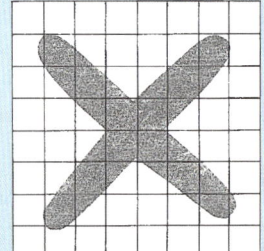

Das Faxgerät löst das Bild auf dem Papier in einen Raster aus winzigen Quadraten auf. Der Bildsensor nimmt wahr, welches Quadrat weiß oder schwarz ist.

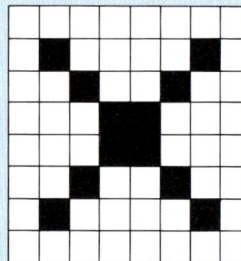

Das Gerät findet heraus, ob ein Rasterquadrat ganz schwarz oder ganz weiß ist. Moderne Faxgeräte können sogar Grauwerte unterscheiden.

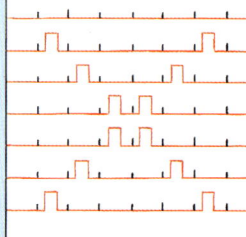

Das Muster der schwarzweißen Quadrate wird in ein Muster aus elektrischen Signalen verwandelt. Jeder elektrische Impuls bedeutet ein schwarzes Quadrat.

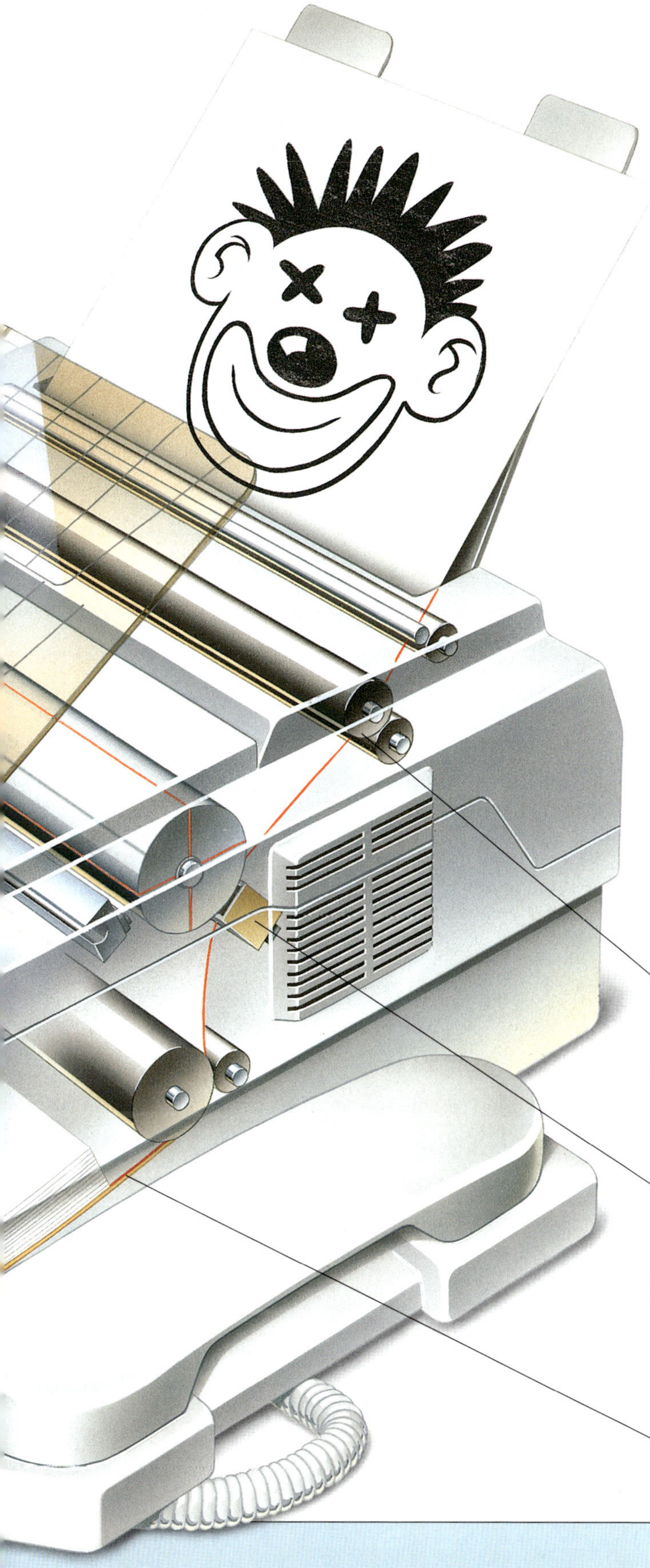

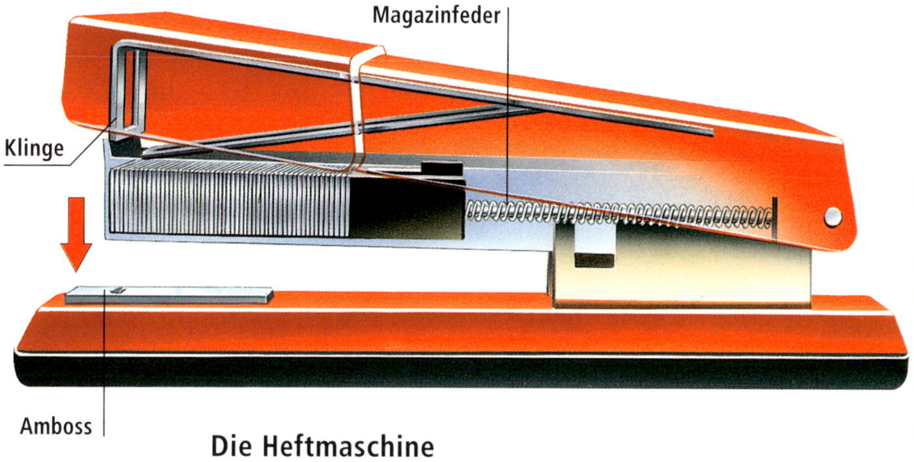

Magazinfeder

Klinge

Amboss

Die Heftmaschine
Die Heftmaschine verbindet mehrere Blatt Papier mit einer Metallklammer. Wenn man sie herunterdrückt, löst sich eine Heftklammer vom Magazin und dringt durch die Blätter. Der Amboss enthält zwei Vertiefungen; sie bewirken, dass die Enden der Heftklammer umgebogen werden. Dadurch werden die Papierblätter zusammengehalten.

Haftnotizzettel
Haftnotizzettel kleben auf fast jeder Unterlage. Ihr Vorteil ist, dass man sie leicht wieder abnehmen und anderswo hinkleben kann. Das Geheimnis liegt im Klebstoff. Er hält nicht so fest wie der Klebstoff einer gewöhnlichen Selbstklebefolie.

Wärmewalzen
Am Ende läuft das Papier durch zwei beheizte Walzen. Der Toner schmilzt und verbindet sich durch die Hitze und den Druck mit dem Papier.

Ladegerät
Das Ladegerät lädt das Papier elektrisch auf, sodass es den Toner von der Trommel anzieht.

Papier
Dieses Faxgerät verarbeitet Normalpapier wie ein Fotokopierer. Einfachere Faxgeräte verwenden chemisch behandeltes Faxpapier, das auch Thermopapier heißt.

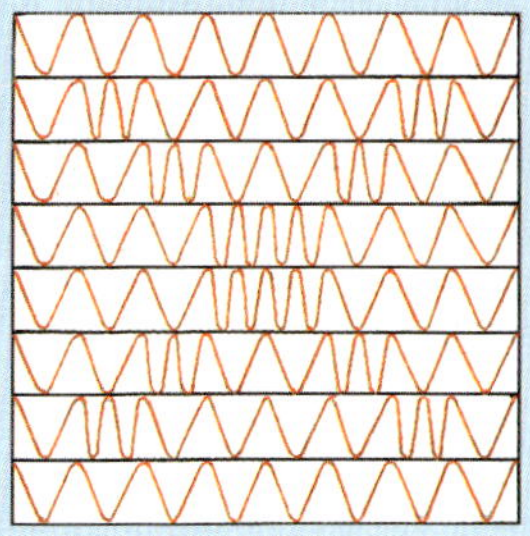

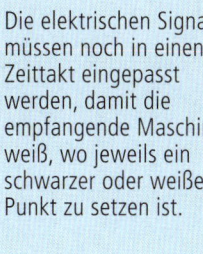
Die elektrischen Signale müssen noch in einen Zeittakt eingepasst werden, damit die empfangende Maschine weiß, wo jeweils ein schwarzer oder weißer Punkt zu setzen ist.

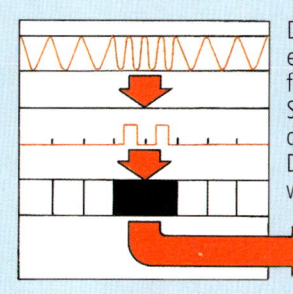
Das zweite Faxgerät empfängt die eintreffenden elektrischen Signale und gibt die Daten an den Druckkopf weiter.

Der Drucker bringt Zeile für Zeile auf das Papier. Im zweiten Faxgerät erscheint eine Kopie des Dokuments.

Ausleger
Der Wagen mit dem Lasthaken hängt am Ausleger. Dieser ist mit Kabeln an der Spitze des Turms befestigt.

Gegengewicht
Betonplatten am anderen Ende des Auslegers bilden ein Gegengewicht zur Last, die gehoben wird.

Kabine
Der Kranführer sitzt in einer Kabine hoch oben im Turm und bewegt den Ausleger mit Hilfe von Steuerknüppeln. Die Front der Kabine ist verglast, damit der Kranführer den Haken mit der Last im Blickfeld hat.

Hoch hinaus

Die Bauindustrie ist auf Maschinen angewiesen, die schwere Lasten transportieren und heben können. Fast an jeder Baustelle ist ein Turmkran aufgestellt. Der Hauptausleger kann sich in der Waagrechten drehen, sich selbst aber nicht heben und senken. Für die Bewegungen in der Senkrechten setzt man den Lasthaken ein. Er ist über ein Kabel mit dem Schienenwagen verbunden. Eine motorgetriebene Winde hebt die Last hoch. Eine weitere Winde bewegt den Schienenwagen längs des Auslegers. Ein solcher Kran hebt am Tag einige tausend Tonnen. Der wichtigste Baustoff heute ist der Beton. Transportmischer liefern ihn an. Ihre Trommeln drehen sich dauernd, damit der flüssige Beton im Inneren nicht hart wird. An Ort und Stelle wird er in Schalungen gegossen. Viele Lasten hebt man auch mit einem Flaschenzug. Er besteht aus mehreren Rollen, in denen Kabel oder Seile laufen. Je schwerer die zu hebende Last ist, desto länger muss das Seil sein, um sie zu heben.

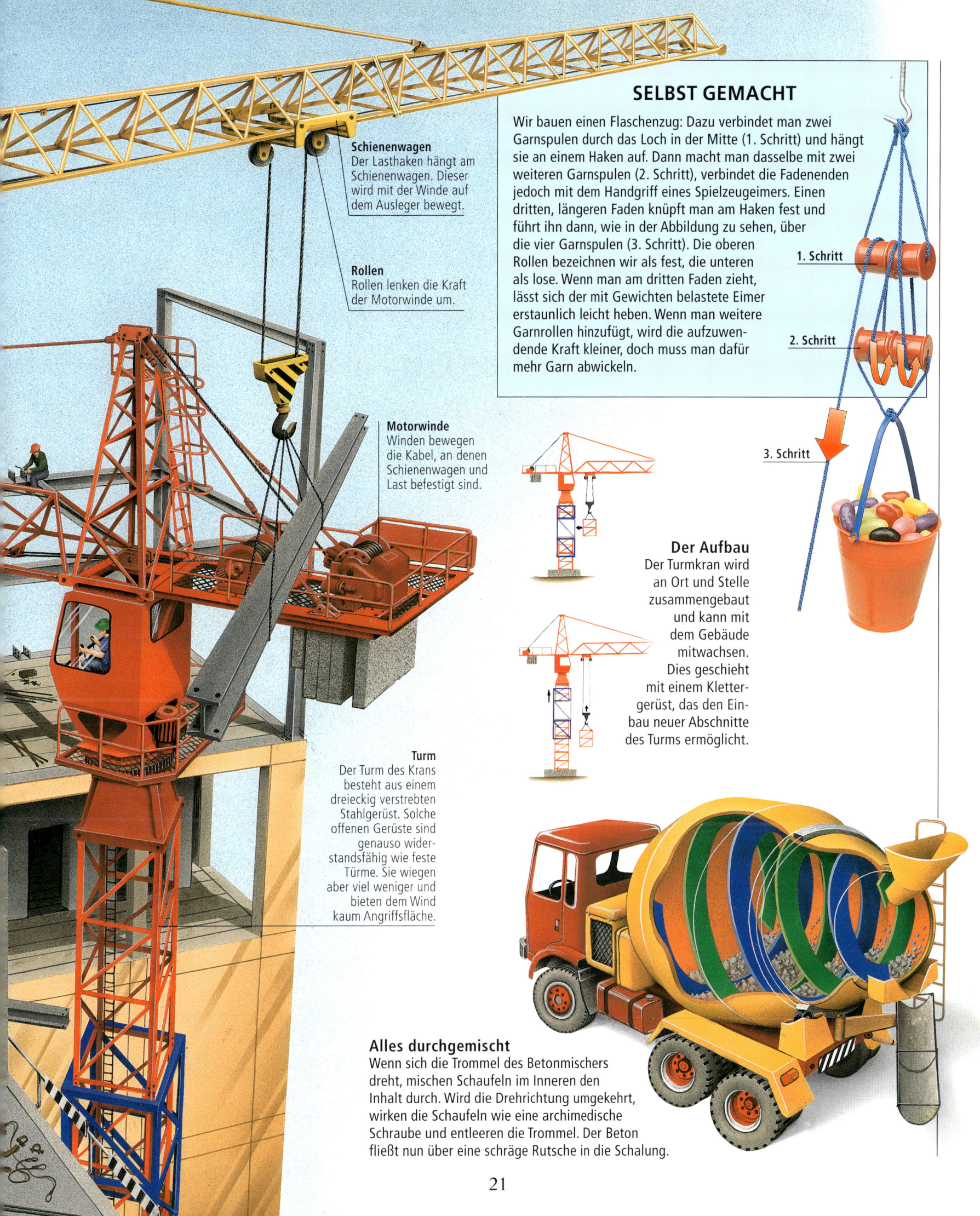

Schienenwagen
Der Lasthaken hängt am Schienenwagen. Dieser wird mit der Winde auf dem Ausleger bewegt.

Rollen
Rollen lenken die Kraft der Motorwinde um.

Motorwinde
Winden bewegen die Kabel, an denen Schienenwagen und Last befestigt sind.

Turm
Der Turm des Krans besteht aus einem dreieckig verstrebten Stahlgerüst. Solche offenen Gerüste sind genauso widerstandsfähig wie feste Türme. Sie wiegen aber viel weniger und bieten dem Wind kaum Angriffsfläche.

SELBST GEMACHT

Wir bauen einen Flaschenzug: Dazu verbindet man zwei Garnspulen durch das Loch in der Mitte (1. Schritt) und hängt sie an einem Haken auf. Dann macht man dasselbe mit zwei weiteren Garnspulen (2. Schritt), verbindet die Fadenenden jedoch mit dem Handgriff eines Spielzeugeimers. Einen dritten, längeren Faden knüpft man am Haken fest und führt ihn dann, wie in der Abbildung zu sehen, über die vier Garnspulen (3. Schritt). Die oberen Rollen bezeichnen wir als fest, die unteren als lose. Wenn man am dritten Faden zieht, lässt sich der mit Gewichten belastete Eimer erstaunlich leicht heben. Wenn man weitere Garnrollen hinzufügt, wird die aufzuwendende Kraft kleiner, doch muss man dafür mehr Garn abwickeln.

1. Schritt
2. Schritt
3. Schritt

Der Aufbau
Der Turmkran wird an Ort und Stelle zusammengebaut und kann mit dem Gebäude mitwachsen. Dies geschieht mit einem Klettergerüst, das den Einbau neuer Abschnitte des Turms ermöglicht.

Alles durchgemischt
Wenn sich die Trommel des Betonmischers dreht, mischen Schaufeln im Inneren den Inhalt durch. Wird die Drehrichtung umgekehrt, wirken die Schaufeln wie eine archimedische Schraube und entleeren die Trommel. Der Beton fließt nun über eine schräge Rutsche in die Schalung.

Einkaufen leicht gemacht

Durch die moderne Technik wird das Einkaufen immer leichter. Bankautomaten zahlen uns zu jeder Tages- und Nachtzeit Bargeld aus. Man braucht dazu eine Eurochequekarte und eine persönliche Geheimnummer (PIN). Wenn die Informationen auf dem Magnetstreifen der Karte und die Geheimnummer mit den Informationen übereinstimmen, die im Bankcomputer gespeichert sind, dann zahlt der Bankautomat den gewünschten Betrag aus. Fast jedes größere Geschäft hat heute auch Computerkassen. Mit ihrer Hilfe bekommen wir die Waren an der Kasse viel schneller. Ein Laser liest den Strichcode jedes Produkts ab. Anhand dieser Information meldet der Computer der Kasse, wie viel das Stück kostet. Gleichzeitig führt er Buch darüber, wie viel von dem Produkt im Lager noch vorhanden ist. Ist die Mindestlagermenge unterschritten, so bestellt er die Ware automatisch nach. Teure Kleidungsstücke oder CDs tragen Sicherungsmarken, die beim Ausgang von Sensoren aufgespürt werden.

Scannerkasse
Ein Laserstrahl tastet den Strichcode ab, ein lichtempfindlicher Sensor nimmt die zurückgeworfenen Strahlen wahr und verwandelt sie in elektrische Signale. Am Anfang, in der Mitte und am Ende des Strichcodes stehen dünne Linien. Die erste Hälfte verschlüsselt das Produktionsland und den Hersteller, die zweite kennzeichnet das Produkt. Der Scanner kann den Code von vorn oder hinten lesen. Die USA und alle europäischen Länder verwenden den EAN-Code. Das ist die Abkürzung für Europäischer-Artikelnummern-Code.

SCHON GEWUSST?
Banknoten kann man mit Farbkopierern ziemlich leicht fälschen. Deswegen gab die Australische Nationalbank im Jahr 1988 eine Plastikbanknote heraus, die nahezu fälschungssicher ist.

Kassetten
Die einzelnen Sorten von Banknoten liegen in Kassetten.

Scanner
Ein Laser im Handgerät liest den Strichcode ab. Der Sensor verwandelt das Hell und Dunkel der Streifen in elektrische Signale und meldet sie dem Computer.

Bankautomat
Mit Hilfe des Bankautomaten kann man Geld vom eigenen Konto abheben. Solche Automaten können auch Kontoauszüge ausdrucken, den Kontostand angeben und Überweisungen auf andere Konten vornehmen.

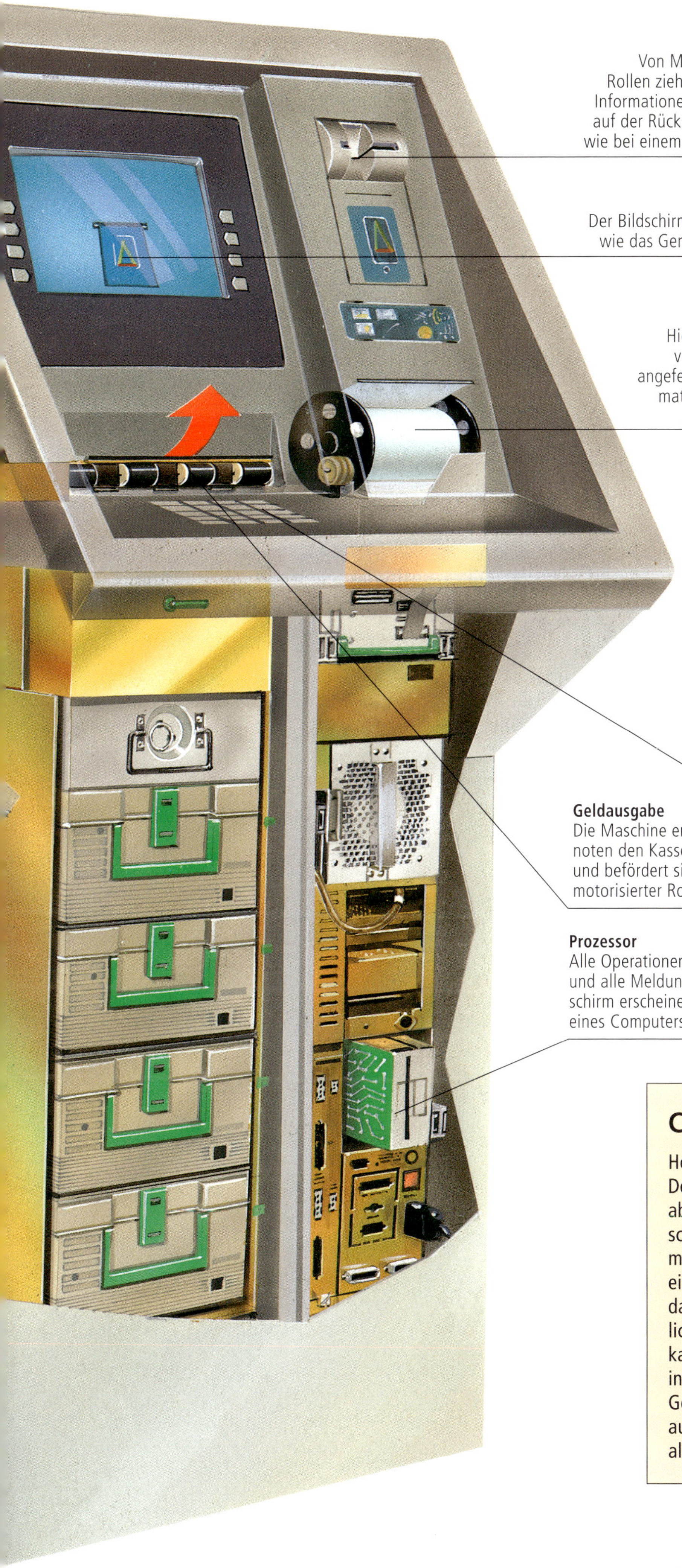

Kartenlesegerät
Von Motoren angetriebene Rollen ziehen die Karte ein. Die Informationen im Magnetstreifen auf der Rückseite werden ähnlich wie bei einem Tonband abgelesen.

Bildschirm
Der Bildschirm gibt Anweisungen, wie das Gerät zu verwenden ist.

Drucker
Hier wird ein Ausdruck von der Barabhebung angefertigt: Der Bankautomat stellt eine Quittung für den Kunden aus.

Diebstahlsicherung
Sicherheitsmarken aus Plastik enthalten Drahtspulen, die mit Hilfe magnetischer Felder oder mit Radiowellen aufgespürt werden, wenn sie durch die Schranken am Ladenausgang getragen werden.

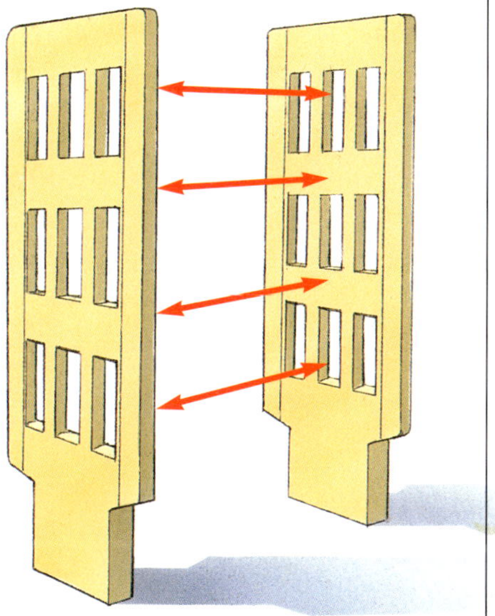

Tastatur
Der Kartenbesitzer tippt hier seine Geheimnummer (PIN) ein, indem er die entsprechenden Tasten drückt.

Geldausgabe
Die Maschine entnimmt die Banknoten den Kassetten, zählt sie und befördert sie dann mit Hilfe motorisierter Rollen nach außen.

Prozessor
Alle Operationen im Inneren der Maschine und alle Meldungen, die auf dem Bildschirm erscheinen, werden vom Prozessor eines Computers gesteuert.

CHIPKARTEN
Heute zahlen viele Leute mit Kreditkarte. Der geschuldete Betrag wird vom Konto abgebucht und dem Konto des Geschäftsinhabers gutgeschrieben. Auch moderne Ausweiskarten enthalten einen integrierten Chip. Man kann darauf alle möglichen persönlichen Daten speichern. Das kann so weit gehen, dass die integrierte Karte auch einen Geldbetrag aus dem eigenen Konto aufweist. Eine solche integrierte Karte könnte alle anderen Karten und Ausweispapiere ersetzen.

Zum Weiterlesen 44–45

EIN BILD DES KÖRPERS

Conrad Röntgen entdeckte im Jahr 1895 die nach ihm benannten Röntgenstrahlen. Sie durchdringen weiche Teile des Körpers und schwärzen einen dahinter liegenden fotografischen Film. Dichte Teile wie Zähne und Knochen lassen Röntgenstrahlen nicht hindurch und erzeugen auf dem Film einen klaren „Schatten".

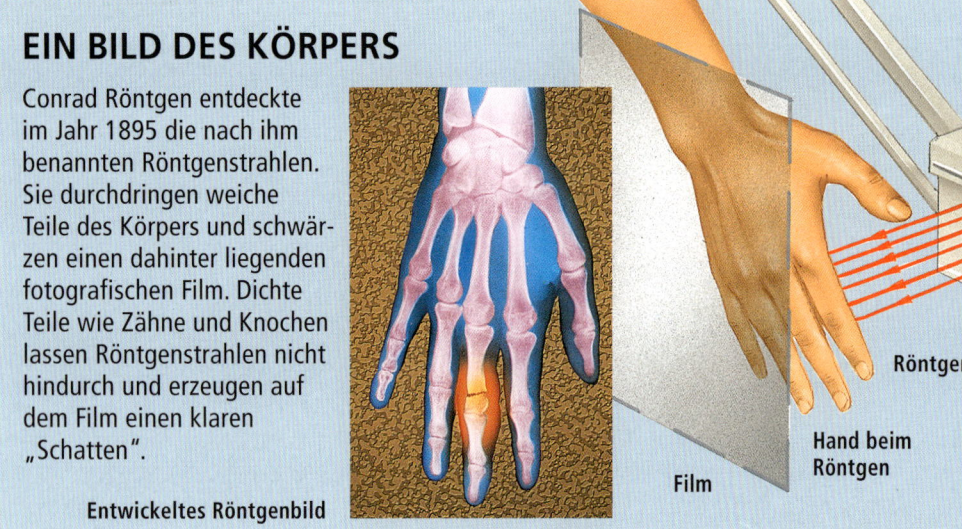

Entwickeltes Röntgenbild

Röntgenquelle

Hand beim Röntgen

Film

Im Krankenhaus

Die Ärzte verwenden vielerlei technische Geräte, um Krankheiten zu erkennen und zu behandeln. Ultraschallgeräte und Röntgenapparate stehen in vielen Arztpraxen. Krankenhäuser haben auch Tomografen. Diese nehmen Bilder vom Körperinneren auf. Leistungsstarke Computer verarbeiten die Informationen und erzeugen anschließend ein naturgetreues dreidimensionales Bild von den Organen. Noch kompliziertere Tomografen verwenden starke Magnetfelder oder winzige Kernteilchen, die Positronen. Solche Geräte zeigen dem Arzt beispielsweise, welche Bereiche des Gehirns aktiv sind, wenn der Patient sieht, hört, sich bewegt oder nur denkt. Die Bilder erscheinen auf einem Bildschirm und können auch ausgedruckt werden. Chirurgen setzen solche Geräte bereits bei Operationen ein, um die Schnitte optimal zu setzen.

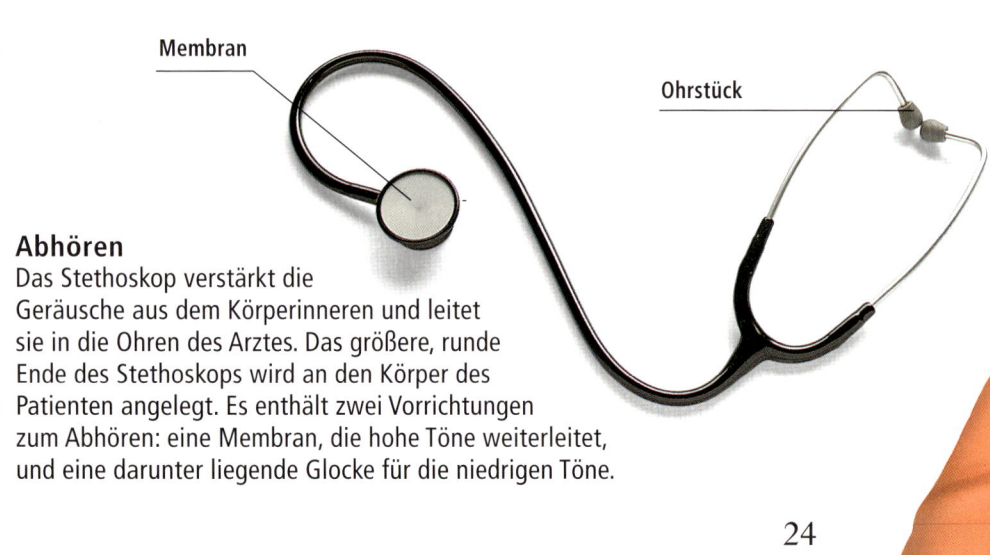

Membran

Ohrstück

Schallkopf

Abhören
Das Stethoskop verstärkt die Geräusche aus dem Körperinneren und leitet sie in die Ohren des Arztes. Das größere, runde Ende des Stethoskops wird an den Körper des Patienten angelegt. Es enthält zwei Vorrichtungen zum Abhören: eine Membran, die hohe Töne weiterleitet, und eine darunter liegende Glocke für die niedrigen Töne.

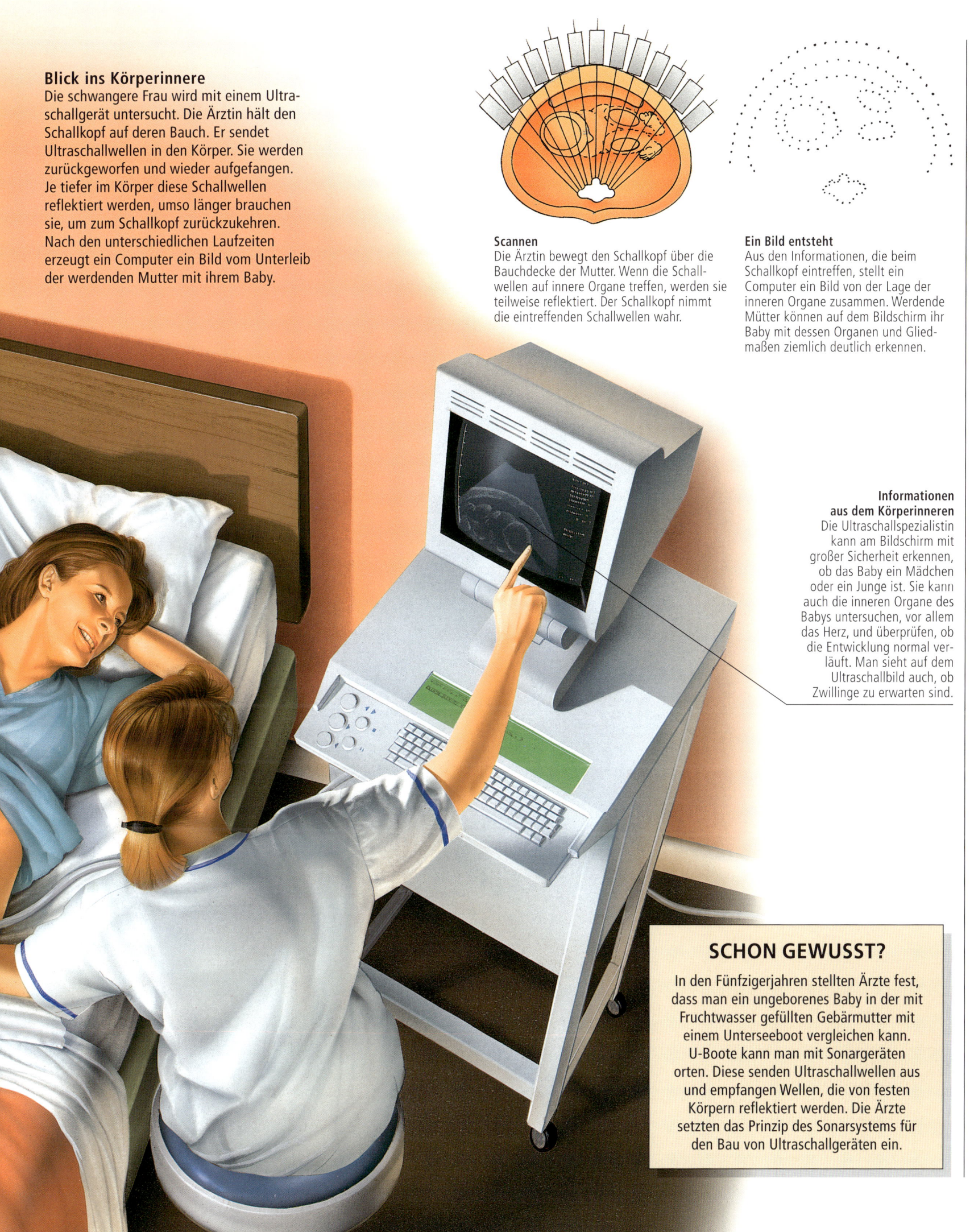

Blick ins Körperinnere
Die schwangere Frau wird mit einem Ultraschallgerät untersucht. Die Ärztin hält den Schallkopf auf deren Bauch. Er sendet Ultraschallwellen in den Körper. Sie werden zurückgeworfen und wieder aufgefangen. Je tiefer im Körper diese Schallwellen reflektiert werden, umso länger brauchen sie, um zum Schallkopf zurückzukehren. Nach den unterschiedlichen Laufzeiten erzeugt ein Computer ein Bild vom Unterleib der werdenden Mutter mit ihrem Baby.

Scannen
Die Ärztin bewegt den Schallkopf über die Bauchdecke der Mutter. Wenn die Schallwellen auf innere Organe treffen, werden sie teilweise reflektiert. Der Schallkopf nimmt die eintreffenden Schallwellen wahr.

Ein Bild entsteht
Aus den Informationen, die beim Schallkopf eintreffen, stellt ein Computer ein Bild von der Lage der inneren Organe zusammen. Werdende Mütter können auf dem Bildschirm ihr Baby mit dessen Organen und Gliedmaßen ziemlich deutlich erkennen.

Informationen aus dem Körperinneren
Die Ultraschallspezialistin kann am Bildschirm mit großer Sicherheit erkennen, ob das Baby ein Mädchen oder ein Junge ist. Sie kann auch die inneren Organe des Babys untersuchen, vor allem das Herz, und überprüfen, ob die Entwicklung normal verläuft. Man sieht auf dem Ultraschallbild auch, ob Zwillinge zu erwarten sind.

SCHON GEWUSST?
In den Fünfzigerjahren stellten Ärzte fest, dass man ein ungeborenes Baby in der mit Fruchtwasser gefüllten Gebärmutter mit einem Unterseeboot vergleichen kann. U-Boote kann man mit Sonargeräten orten. Diese senden Ultraschallwellen aus und empfangen Wellen, die von festen Körpern reflektiert werden. Die Ärzte setzten das Prinzip des Sonarsystems für den Bau von Ultraschallgeräten ein.

Verbindung halten

Radiowellen sind wie das Licht elektromagnetische Wellen. Man kann mit ihnen über große Entfernungen Informationen übertragen. Damit werden zum Beispiel Rundfunkprogramme und Fernsehsendungen ausgestrahlt. Die Kommunikation mit Astronauten und unbemannten Sonden im Weltraum erfolgt ebenfalls über Radiowellen. Auch viele Sterne und andere Himmelskörper senden Signale, die man auf der Erde mit schüsselförmigen Radioteleskopen empfangen kann. Ob Rundfunkgerät oder Satellitenempfangsanlage – immer nimmt eine Antenne die gesendeten Signale auf. Mit dem Tuner, der Abstimmvorrichtung, wählt man eine bestimmte Wellenlänge aus. Die ausgewählten Signale werden anschließend verstärkt. Der Rundfunkempfänger zu Hause verwandelt die Radiosignale in Schallwellen. Die Signale, die ein Radioteleskop empfängt, kann man in Form von Karten oder Bildern darstellen.

Radioteleskop
Radioteleskope empfangen sehr schwache Signale aus dem Weltall. Sie müssen in mehreren Schritten um das Milliardenfache verstärkt werden. Die Teleskope lassen sich genau ausrichten und können somit bestimmte Himmelsregionen erforschen. Aus den eingetroffenen Radiowellen erzeugen sie sichtbare Bilder.

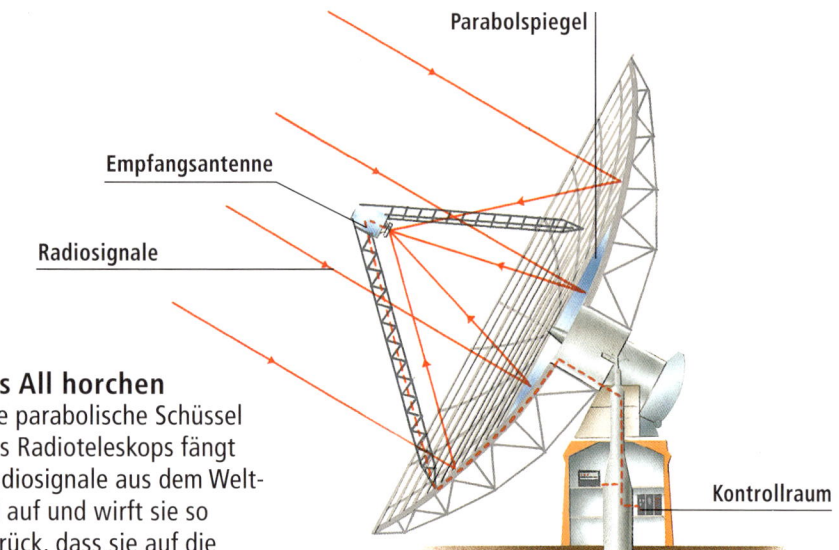

Ins All horchen
Die parabolische Schüssel des Radioteleskops fängt Radiosignale aus dem Weltall auf und wirft sie so zurück, dass sie auf die Empfangsantenne treffen.

Labels: Parabolspiegel, Empfangsantenne, Radiosignale, Kontrollraum

SCHON GEWUSST?
Das größte Radioteleskop befindet sich in Arecibo in Puerto Rico. Man kleidete dort eine natürliche Vertiefung im Gelände mit Maschendraht aus und erhielt so eine Schüssel mit 305 m Durchmesser. Das Arecibo-Teleskop lässt sich nicht bewegen. Es empfängt in einem Jahr Signale aus etwa der Hälfte des sichtbaren Himmels.

RUNDFUNK

Wenn man das Radio einschaltet, empfängt man Musik vom Band oder von einer CD oder man hört jemanden, der im Studio ins Mikrofon spricht.

Der Toningenieur am Mischpult steuert die Signale aus dem Studio so, dass keines zu stark oder zu schwach ausfällt.

Mischpult

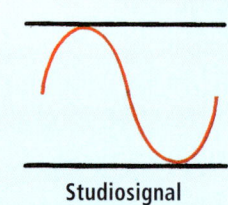
Studiosignal

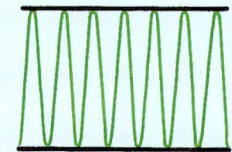
Trägerwelle

Das Studiosignal wird mit einem hochfrequenten Signal gemischt, der Trägerwelle. Man nennt das Modulation. Eine Sendeantenne strahlt die Trägerwelle mit den aufmodulierten Signalen ab.

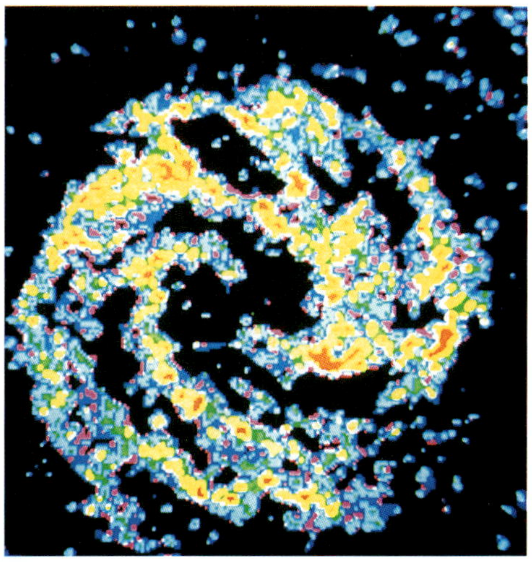

Der Radiohimmel
Die Bilder, die Radioteleskope vom Himmel erzeugen, sind ganz anders als Fotografien. Radiowellen haben keine Farben. Die Farben auf solchen Radiobildern wurden nachträglich von einem Computer hinzugefügt.

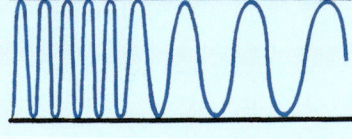

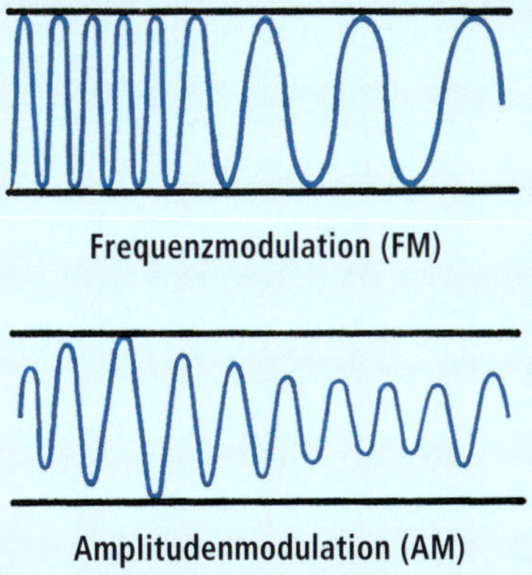

Frequenzmodulation (FM)

Amplitudenmodulation (AM)

Das Studiosignal verändert entweder die Frequenz und damit die Zahl der Schwingungen pro Sekunde oder die Amplitude, die Schwingungsweite der Trägerwelle. Man spricht daher von Frequenzmodulation und von Amplitudenmodulation.

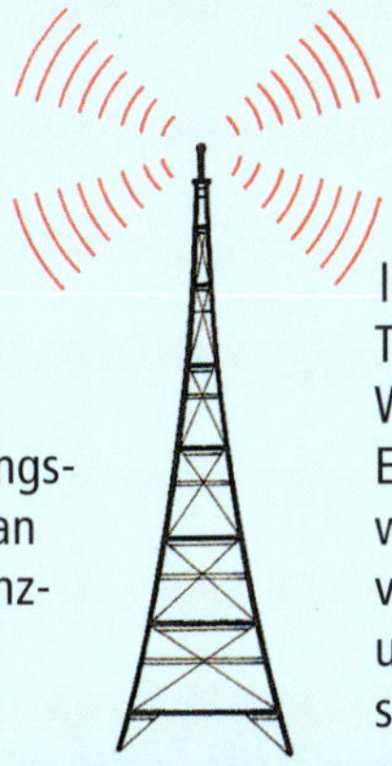

Die Antenne des Rundfunkempfängers nimmt alle möglichen Signale auf. Mit dem Tuner kann man eine bestimmte Wellenlänge auswählen. Der Empfänger schaltet die Trägerwelle aus (Demodulation), verstärkt das Studiosignal und verwandelt es im Lautsprecher wieder in Schallwellen.

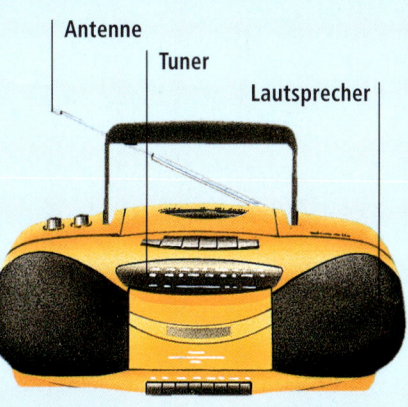

Botschaften aus dem Weltraum

Späher am Himmel
Niedrige Satelliten fliegen in einer Höhe von 250 bis 300 km und damit gerade außerhalb der bremsenden Erdatmosphäre. Am erdnächsten Punkt kann die Höhe des Satelliten sogar nur noch 120 km betragen. Einige dieser Erderkundungssatelliten haben Kameras, die noch einen Tennisball auf der Erdoberfläche aufnehmen können.

Hunderte von Satelliten kreisen heute um die Erde. Ihre Umlaufbahnen sind je nach Aufgabe unterschiedlich stark zur Ebene des Äquators geneigt. Einige der künstlichen Himmelskörper erkunden die Oberfläche der Erde und senden ihre Messdaten und Fotos mit Hilfe von Radiowellen auf die Erde. Die meisten Satelliten umkreisen die Erde in einer Höhe zwischen 200 und 800 km. Damit sie auf ihrer Umlaufbahn bleiben, müssen sie eine Geschwindigkeit von rund 8 km/sek. einhalten. In 200 km Höhe braucht ein Satellit für eine Umrundung der Erde rund 1,5 Stunden. Nachrichten- und Wettersatelliten werden in eine viel höhere Umlaufbahn gebracht. Sie umkreisen die Erde in 36 000 km Höhe in genau 24 Stunden. Solche Satelliten stehen, von der Erde aus gesehen, stets an derselben Stelle des Himmels. Sie heißen geostationär. Man braucht drei dieser Satelliten, um Telefongespräche zwischen zwei beliebigen Punkten der Erde zu übertragen.

Nachrichtensatelliten
Nachrichtensatelliten sind mit Spiegeln am Himmel vergleichbar. Sie empfangen Radiosignale, die von der Erdoberfläche zu ihnen gesendet werden, verstärken diese und werfen sie auf eine andere Stelle der Erdoberfläche zurück.

Livesendung
Erst durch Nachrichtensatelliten wurde es möglich, Großereignisse wie die Olympischen Spiele zeitgleich an Fernsehschirmen auf den ganzen Welt zu verfolgen.

Gastanks
Satelliten regeln ihre Lage mit Hilfe von Gasdüsen. Das Gas führen sie mit sich.

Schaltkreise
Mit Hilfe ihrer Elektronik übertragen Nachrichtensatelliten zur selben Zeit zehntausende von Telefongesprächen.

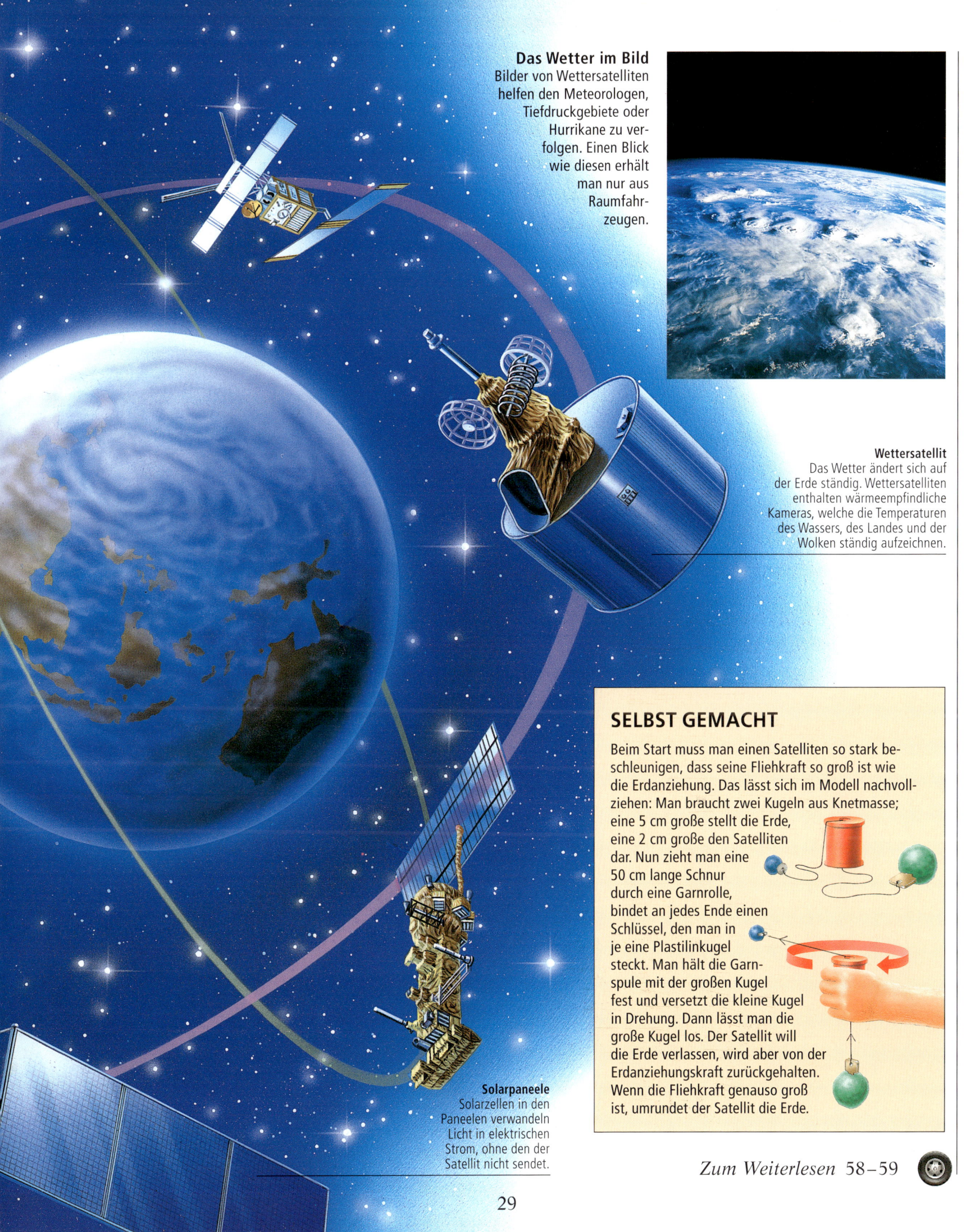

Das Wetter im Bild
Bilder von Wettersatelliten helfen den Meteorologen, Tiefdruckgebiete oder Hurrikane zu verfolgen. Einen Blick wie diesen erhält man nur aus Raumfahrzeugen.

Wettersatellit
Das Wetter ändert sich auf der Erde ständig. Wettersatelliten enthalten wärmeempfindliche Kameras, welche die Temperaturen des Wassers, des Landes und der Wolken ständig aufzeichnen.

SELBST GEMACHT

Beim Start muss man einen Satelliten so stark beschleunigen, dass seine Fliehkraft so groß ist wie die Erdanziehung. Das lässt sich im Modell nachvollziehen: Man braucht zwei Kugeln aus Knetmasse; eine 5 cm große stellt die Erde, eine 2 cm große den Satelliten dar. Nun zieht man eine 50 cm lange Schnur durch eine Garnrolle, bindet an jedes Ende einen Schlüssel, den man in je eine Plastilinkugel steckt. Man hält die Garnspule mit der großen Kugel fest und versetzt die kleine Kugel in Drehung. Dann lässt man die große Kugel los. Der Satellit will die Erde verlassen, wird aber von der Erdanziehungskraft zurückgehalten. Wenn die Fliehkraft genauso groß ist, umrundet der Satellit die Erde.

Solarpaneele
Solarzellen in den Paneelen verwandeln Licht in elektrischen Strom, ohne den der Satellit nicht sendet.

Zum Weiterlesen 58–59

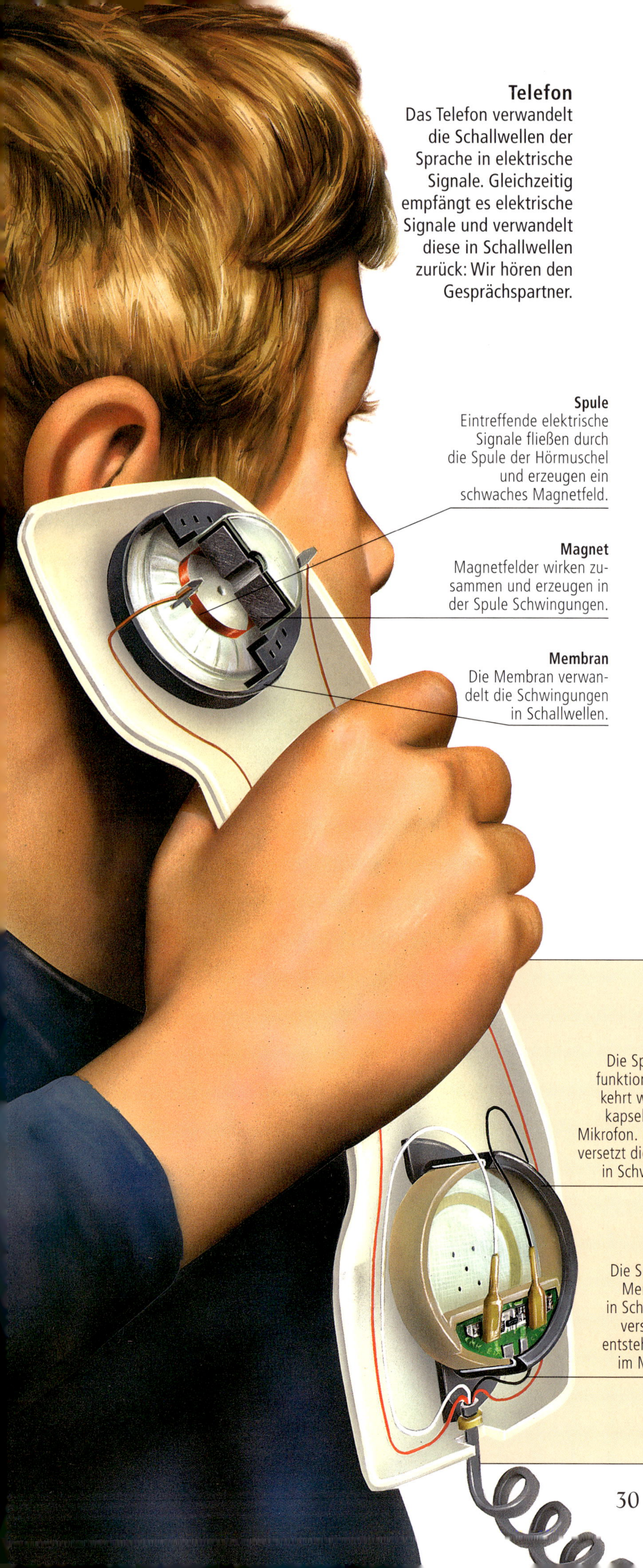

Telefon
Das Telefon verwandelt die Schallwellen der Sprache in elektrische Signale. Gleichzeitig empfängt es elektrische Signale und verwandelt diese in Schallwellen zurück: Wir hören den Gesprächspartner.

Spule
Eintreffende elektrische Signale fließen durch die Spule der Hörmuschel und erzeugen ein schwaches Magnetfeld.

Magnet
Magnetfelder wirken zusammen und erzeugen in der Spule Schwingungen.

Membran
Die Membran verwandelt die Schwingungen in Schallwellen.

Membran
Die Sprechkapsel funktioniert umgekehrt wie die Hörkapsel. Sie ist ein Mikrofon. Die Stimme versetzt die Membran in Schwingungen.

Spule
Die Spule an der Membran wird in Schwingungen versetzt. Dabei entstehen Signale im Magnetfeld.

Die Welt wird kleiner

Entfernungen misst man heute im Allgemeinen in Kilometern. Doch früher verwendete man dafür auch gern Zeitangaben. Wenn eine Stadt sieben Tage entfernt war, so bedeutete dies, dass man zu Fuß oder mit dem Pferd dorthin eine Woche brauchte. Um zu fremden Kontinenten zu gelangen, war man sogar monatelang mit dem Schiff unterwegs. Heute können wir mit dem Telefon tausende von Kilometern im Bruchteil einer Sekunde überbrücken. Wir sprechen mit dem Onkel in Amerika, als ob er neben uns am Tisch säße. Die Welt ist wirklich kleiner geworden. Das Telefon verwandelt Schallwellen in elektrische Signale und schickt diese an den Empfänger. Lange Zeit legten diese Signale ihre Reise in Metallkabeln zurück. Man überträgt sie heute auch in Form von Laserlicht in Glasfaserkabeln oder als Radiowellen, die man auf geostationäre Satelliten im Weltall richtet.

DER WEG EINES ANRUFS

Telefone sind mit einem Netz von Vermittlungsstellen verbunden. Für diese Verbindung sorgen Kupfer- oder Glasfaserkabel sowie Radiowellen. Der Weg eines Telefonanrufs hängt von der gewählten Nummer ab. Die meisten Telefone sind mit der nächsten Vermittlungsstelle über Kabel verbunden. Heute gibt es aber immer mehr Mobiltelefone. Man kann sie überallhin mitnehmen, selbst in ein anderes Land. Alle paar Minuten senden sie verschlüsselte Informationen über Radiowellen, damit die Vermittlungsstelle weiß, wo sie sich befinden. Dadurch kann das Mobiltelefon bei einem Anruf von der nächsten Sendestation aus sofort gefunden werden.

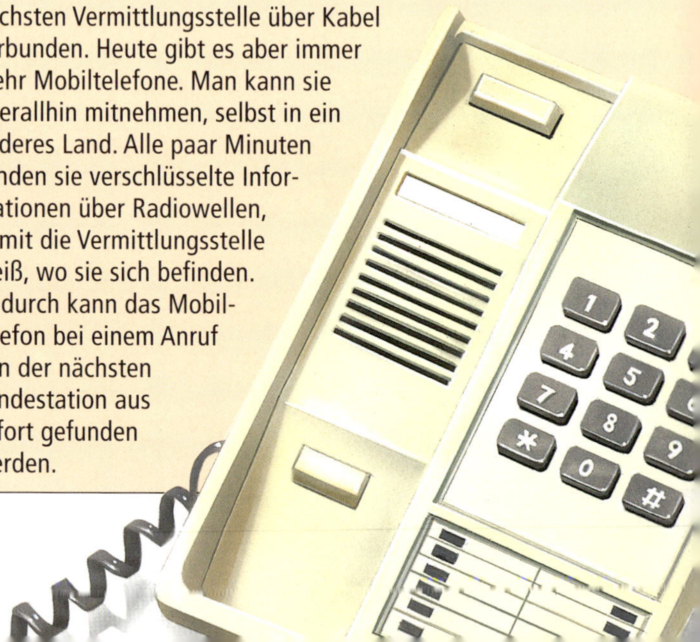

SELTSAM, ABER WAHR

Die Glasfaserkabel, mit denen Telefonanrufe übertragen werden, bestehen aus hochreinem Glas. Durch einen 20 km dicken Glasfaserblock könnte man so klar hindurchsehen wie durch eine Fensterscheibe. Ein Glasfaserkabel kann gleichzeitig 200 000 Telefonate übertragen.

Glasfaserkabel
Heute ersetzt man die Telefonkabel aus Metall durch Glasfaserkabel. Die Telefonanrufe werden darin in Form von flackerndem Infrarotlicht übertragen. Glasfaserkabel sind viel dünner als Kupferkabel, können aber sehr viel mehr Verbindungen zur selben Zeit herstellen.

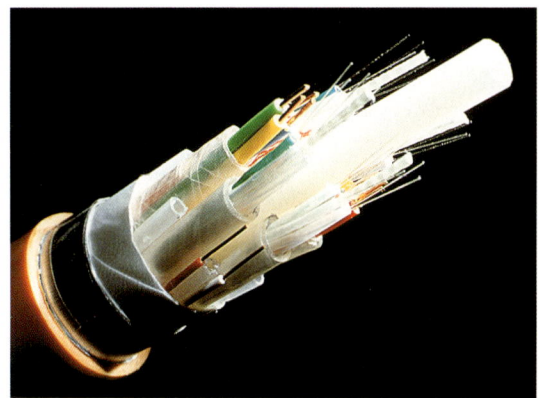

Antenne
Die Antenne fängt die Radiowellen aus der Luft auf und sendet sie bis zur nächsten Umschaltstelle.

Mobiltelefon
Mobiltelefone sind über Radiowellen mit dem internationalen Telefonnetz verbunden. Jedes Mobiltelefon enthält einen kleinen Funkempfänger und -sender.

Hörkapsel
Der Lautsprecher in der Hörkapsel wandelt die empfangenen Signale in Schallwellen um.

Anzeige
Auf der Flüssigkristallanzeige erscheint die gewählte Nummer.

Batterie
Jedes Mobiltelefon enthält Batterien. Sie müssen von Zeit zu Zeit wieder aufgeladen werden und sind deswegen eigentlich Akkumulatoren.

Tastatur
Durch Tastendruck gibt man die Telefonnummer ein.

Mikrofon
Das Mikrofon verwandelt die Schallwellen des Sprechers in elektrische Signale.

1. Ortsvermittlungsstelle
Die Ortsvermittlungsstelle leitet Ferngespräche an die Hauptvermittlungsstellen weiter.

2. Hauptvermittlungsstelle
Die 56 Hauptvermittlungsstellen in Deutschland sind über Kabel und Radiowellen verbunden.

3. Mobilfunk
Anrufe von einem Mobiltelefon gelangen auf drahtlosem Weg in eine Funkfeststation.

4. Funkvermittlungsstelle
Die Funkfeststation sendet das Gespräch zu einer Funkvermittlungsstelle, wo der Übergang zum Telefonnetz erfolgt.

Vielseitiger Helfer

Computer sind zu einem Bestandteil unseres täglichen Lebens geworden. Wir speichern mit ihrer Hilfe große Informationsmengen und können diese sehr schnell verarbeiten. Solche Aufgaben übernehmen Siliziumchips mit vielen tausend aufgedruckten elektronischen Schaltkreisen. Gesteuert wird ein Computer vom Mikroprozessor. Er enthält hunderttausende von elektronischen Bauteilen auf der Fläche eines kleinen Fingernagels. Die Chips, die Tastatur und die Maus, der Bildschirm und die Laufwerke bilden nur einen Teil des Computers, nämlich die Hardware. Ein Computer braucht auch Software und damit Programme, die ihm sagen, was er zu tun hat. Mit der richtigen Software sind Computer ungeheuer vielseitig: Man kann mit ihnen Texte verarbeiten, Dokumente speichern, Berechnungen vornehmen, lernen oder einfach nur spielen.

Personalcomputer
Computer bestehen aus vier Bausteinen: dem Eingabegerät, meist als Tastatur; dem Speicher, der Daten aufbewahrt; der Zentraleinheit, einem Mikroprozessor, der Befehle ausführt; den Ausgabegeräten wie Bildschirm und Drucker.

Bildschirm
Der Bildschirm des Computers sieht wie der eines Fernsehgerätes aus. Er zeigt die Informationen in Form von Zeichen und Grafiken.

CD-ROM-Laufwerk
Die CD-ROM speichert die unterschiedlichsten Informationen: Texte, Bilder, Sprache und Töne. Sie funktioniert wie eine normale CD. Man kann eine CD-ROM nur lesen, aber keine neuen Informationen darauf kopieren.

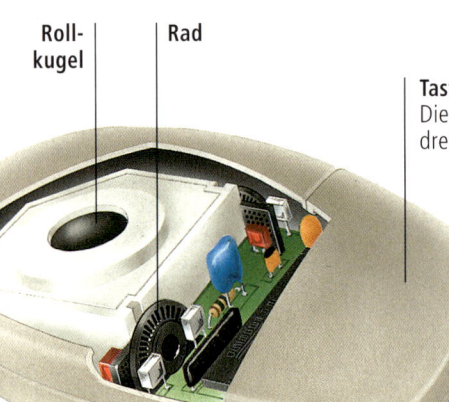

Rollkugel

Rad

Tasten
Die Maus hat zwei oder drei Tasten zum Klicken.

Wie man eine Maus bedient
Wenn man die Maus bewegt, dreht sich die Rollkugel auf der Unterseite mit und versetzt zwei mit Schlitzen versehene Räder in Bewegung. An jedem dieser Räder sind eine Leucht- und eine Fotodiode angebracht. Sie zählt die Lichtblitze beim Drehen der Räder. Diese Informationen steuern den Cursor auf dem Bildschirm. Durch Klicken mit den Tasten wählt man eine von mehreren Möglichkeiten auf dem Bildschirm, die das Programm anbietet.

DISKETTENLAUFWERK

Das Diskettenlaufwerk funktioniert ähnlich wie ein Tonbandgerät. An Stelle des Magnetbandes wird eine magnetisierbare Scheibe verwendet. Computer können Informationen von der Diskette übernehmen, aber auch Informationen von der Festplatte auf die Diskette übertragen.

Schreib-Lese-Kopf
Der Schreib-Lese-Kopf überträgt Informationen auf die Diskette und liest sie bei Bedarf wieder ab.

Hülle
Eine Kunststoffhülle schützt die Magnetscheibe.

Diskette
Die papierdünne Scheibe speichert Daten in magnetischer Form

Mikroprozessor
Der Mikroprozessor ist der Steuerchip des gesamten Computers. Er enthält dessen Zentraleinheit (CPU).

Lautsprecher
Viele Computer haben Lautsprecher, die Signale, Musik oder Sprache wiedergeben.

Tastatur
Mit der Tastatur gibt man Daten in den Computer ein.

SCHON GEWUSST?

Bereits um 1835 wollte der englische Mathematiker Charles Babbage einen Computer bauen. Seine „Analytische Maschine" sollte mit Lochkarten programmiert werden. Das gelang nicht, weil man die nötigen Teile nicht mit der gewünschten Genauigkeit fertigen konnte. Viele Ideen von Babbage wurden 100 Jahre später beim Bau der ersten Computer verwendet.

Zum Weiterlesen 44–45

Perlmutterfalter mit bloßem Auge betrachtet

15fache Vergrößerung des Flügels

50fache Vergrößerung des Flügels

Okular
Das vergrößerte Bild sieht man durch das Okular. Es besteht oft aus mehreren Linsen.

Mikroskop
Eine normale Lupe hat nur eine 15- bis 20fache Vergrößerung. Für stärkere Vergrößerungen braucht man ein Mikroskop, das mehrere Linsen enthält.

Objektive
Drei oder mehr Objektive sitzen auf einem Revolver und können je nach gewünschter Vergrößerung in den Strahlengang gedreht werden.

Präparat
Das zu untersuchende Objekt wird auf einem gläsernen Objektträger präpariert. Dieser muss so dünn sein, dass Licht hindurchscheinen kann.

Lichtquelle
Das Licht wird vom Spiegel umgelenkt und fällt durch das Präparat in das Auge.

Mitteltrieb
Diese Schraube regelt die Entfernungseinstellung und damit die Bildschärfe. Wenn man am Mitteltrieb dreht, bewegen sich die Okulare vor und zurück.

Okular
Jedes Okular enthält mehrere Linsen zur Vergrößerung. Ein Okular lässt sich noch getrennt einstellen, um mögliche Unterschiede zwischen beiden Augen auszugleichen.

Vergrößern

Das menschliche Auge ist ein erstaunliches Organ. Viele Dinge kann es allerdings nicht mehr sehen, weil sie entweder zu klein oder zu weit entfernt sind. Mit besonderen optischen Geräten erzeugen wir vergrößerte Bilder von solchen Objekten, sodass sie das Auge wahrnehmen kann. Gewöhnliche Mikroskope vergrößern nahe Dinge um das Tausendfache. Ferngläser dagegen erzeugen vergrößerte Bilder von Gegenständen, die sehr weit von uns entfernt liegen. Beide, Mikroskop und Fernglas, enthalten besondere Linsen. Diese können Lichtstrahlen brechen und bündeln. Das Licht tritt dabei durch eine Frontlinse, das Objektiv, ein. Es erzeugt ein vergrößertes Bild des Gegenstandes. Dieses Bild steht jedoch auf dem Kopf und ist seitenverkehrt. Wenn wir es durch das Okular betrachten, sehen wir es richtig.

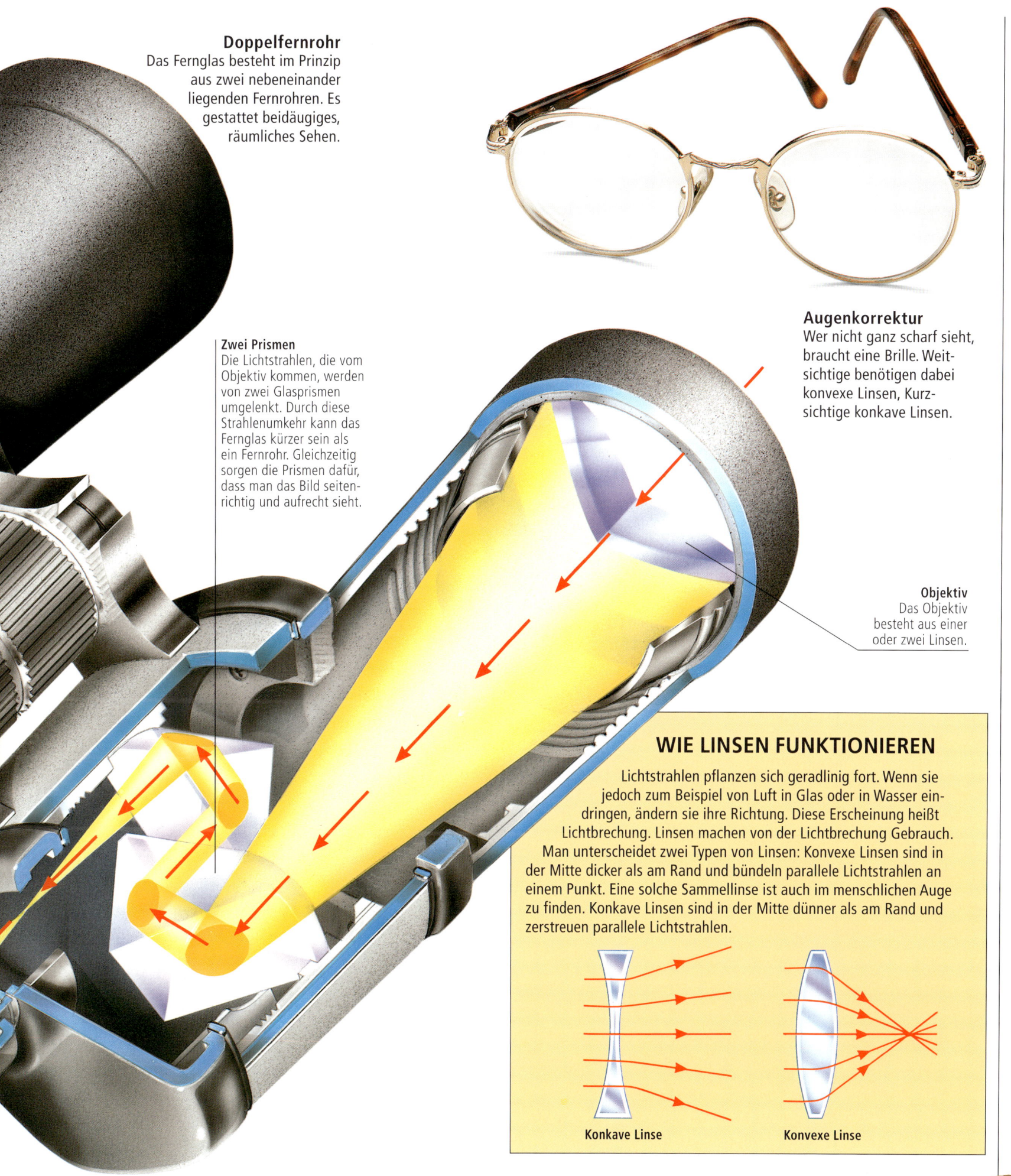

Doppelfernrohr
Das Fernglas besteht im Prinzip aus zwei nebeneinander liegenden Fernrohren. Es gestattet beidäugiges, räumliches Sehen.

Zwei Prismen
Die Lichtstrahlen, die vom Objektiv kommen, werden von zwei Glasprismen umgelenkt. Durch diese Strahlenumkehr kann das Fernglas kürzer sein als ein Fernrohr. Gleichzeitig sorgen die Prismen dafür, dass man das Bild seitenrichtig und aufrecht sieht.

Augenkorrektur
Wer nicht ganz scharf sieht, braucht eine Brille. Weitsichtige benötigen dabei konvexe Linsen, Kurzsichtige konkave Linsen.

Objektiv
Das Objektiv besteht aus einer oder zwei Linsen.

WIE LINSEN FUNKTIONIEREN

Lichtstrahlen pflanzen sich geradlinig fort. Wenn sie jedoch zum Beispiel von Luft in Glas oder in Wasser eindringen, ändern sie ihre Richtung. Diese Erscheinung heißt Lichtbrechung. Linsen machen von der Lichtbrechung Gebrauch. Man unterscheidet zwei Typen von Linsen: Konvexe Linsen sind in der Mitte dicker als am Rand und bündeln parallele Lichtstrahlen an einem Punkt. Eine solche Sammellinse ist auch im menschlichen Auge zu finden. Konkave Linsen sind in der Mitte dünner als am Rand und zerstreuen parallele Lichtstrahlen.

Konkave Linse   **Konvexe Linse**

Zum Weiterlesen 36–37 und 42

Schnappschuss

Fotoapparate sehen ganz unterschiedlich aus, doch sie funktionieren alle nach demselben Prinzip: Licht dringt durch ein Linsensystem in die Kamera ein. Das Objektiv erzeugt ein scharfes Bild auf dem Film. Der Fotograf schaut dabei durch den Sucher und wählt den Bildausschnitt. Viele Kameras steuern die einfallende Lichtmenge automatisch und man muss selbst keine Messungen und Einstellungen mehr vornehmen. Heute gibt es zwei Arten von Fotoapparaten: Die Kompaktkamera verfügt über eine elektronische Vollautomatik. Sie hat nur ein Objektiv, das man nicht wechseln kann. Bei der Spiegelreflexkamera kann der Fotograf das Normalobjektiv abnehmen und durch ein Weitwinkel- oder Teleobjektiv ersetzen. Eine solche Kamera ist meist einäugig: Der Fotograf sieht durch den Sucher genau den Bildausschnitt, den er auch fotografieren will. Ein Spiegel lenkt die Lichtstrahlen um. Bei der Belichtung des Films wird er hochgeklappt.

SCHON GEWUSST?

Das erste fotografische Bild machte 1827 der Franzose Joseph Nicéphore Niepce. Er hatte entdeckt, dass Asphalt lichtempfindlich war. Es war allerdings kein Vergnügen, für ihn Modell zu sitzen: Eine einzige Fotografie musste er acht Stunden lang belichten!

Wegwerfkamera
Heute gibt es Wegwerfkameras, die man mit einem Film im Inneren kauft. Wenn dieser verknipst ist, schickt man die ganze Kamera zur Filmbelichtung ein.

Plastikobjektiv
Damit diese Kamera einfach zu bedienen ist, hat sie eine unbewegliche, starre Linse aus Kunststoff.

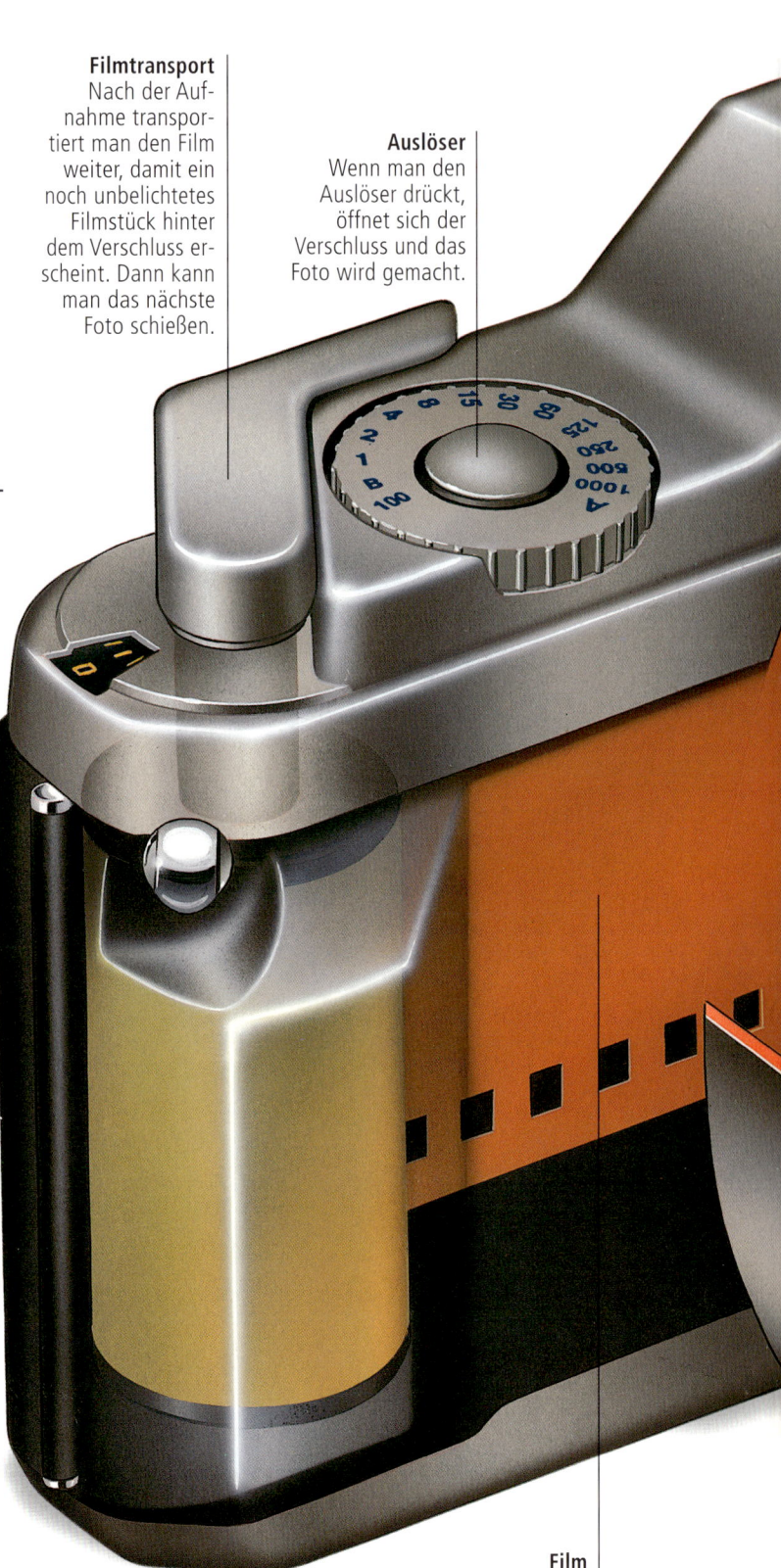

Spiegelreflexkamera
Mit der Spiegelreflexkamera kann man verschiedene Objektive verwenden. Für Landschaften nimmt man ein Weitwinkelobjektiv, für Nahaufnahmen ein Makroobjektiv. Zoomobjektive haben stark veränderliche Brennweiten.

Filmtransport
Nach der Aufnahme transportiert man den Film weiter, damit ein noch unbelichtetes Filmstück hinter dem Verschluss erscheint. Dann kann man das nächste Foto schießen.

Auslöser
Wenn man den Auslöser drückt, öffnet sich der Verschluss und das Foto wird gemacht.

Film
Der Film liegt flach hinter dem Verschluss und wird beim Fotografieren für kurze Zeit belichtet.

Sucher
Der Fotograf blickt durch den Sucher und wählt damit den gewünschten Bildausschnitt.

Aufrechtes Bild
Das Glasprisma stellt das Bild des Objektivs auf den Kopf, sodass es im Sucher wieder aufrecht und seitenrichtig erscheint.

Verschluss
Wenn sich der Verschluss öffnet, fällt Licht auf den Film. Bei den meisten Kameras wird der Verschluss automatisch gesteuert. Im Durchschnitt ist er nur eine Hundertstelsekunde offen.

WIE FOTOS ENTSTEHEN

Wenn Licht auf einen fotografischen Film fällt, löst es in einer lichtempfindlichen Schicht, der Emulsion, chemische Reaktionen aus. In Bruchteilen einer Sekunde werden geringe Mengen von löslichen Silbersalzen in festes Silber verwandelt. Beim Entwickeln des Films fällt noch mehr metallisches Silber aus. An den Stellen, die unbelichtet blieben, wird die Silberlösung ausgewaschen. Auf diese Weise erhält man ein Negativbild: Es ist dort schwarz, wo Licht darauf fiel. Dann lässt man in einem Vergrößerungsapparat Licht durch dieses Negativ auf Fotopapier fallen. Die Papierabzüge werden ähnlich wie der Film entwickelt und ergeben schließlich das fertige, seitenrichtige Positiv. Farbfilme haben drei lichtempfindliche Schichten, eine für Blau, eine für Grün und eine für Rot. Durch Mischung entstehen alle übrigen natürlichen Farben.

Negativ   **Positiv**

Kippspiegel
Der Spiegel lenkt das Licht des Objektivs in den Sucher um. Wenn man auf den Auslöser drückt, klappt der Spiegel nach oben und das Licht kann auf den Film fallen.

Linsensystem
Objektive von Spiegelreflexkameras bestehen aus mehreren Linsen. Sie werfen ein scharfes Bild auf den Film.

Wie eine Kamera sieht
Wenn der Fotograf auf den Auslöser drückt, öffnet sich der Verschluss und Licht fällt durch das Objektiv auf den Film. Die Lichtstrahlen führen zu chemischen Reaktionen in den lichtempfindlichen Schichten des Films.

 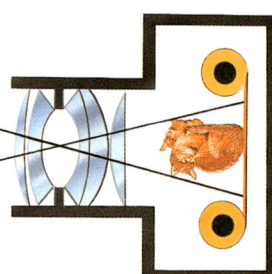

Zum Weiterlesen 38 und 43

Bewegte Bilder

Film und Fernsehen zeigen nur deshalb bewegte Bilder, weil das menschliche Auge überlistet wird. Tatsächlich sieht der Betrachter im Kino oder vor dem Fernsehschirm nur viele unbewegte Bilder hintereinander. Das Auge kann die einzelnen Bilder nicht mehr trennen und die Bilderfolge verschmilzt im Gehirn zu einem einzigen, bewegten Bild. Ein Kinoprojektor wirft in der Sekunde 24 Bilder auf die Leinwand. Diese dürfen aber nicht einfach vor der Lichtquelle vorbeiziehen, weil man dann nur ein Flimmern sehen würde. Der Film muss für jedes Bild angehalten werden. Bis das nächste Bild an der richtigen Stelle ist, darf kein Licht auf die Leinwand fallen. Eine Flügelblende blendet das helle Licht des Projektors ab. Währenddessen transportieren Greifer den Film an der Lochung um ein Bild weiter.

Abluft
Die Projektorlampe erzeugt sehr viel Wärme. Diese wird durch einen Schlauch abgeleitet.

Projektorlampe
Der Projektor benötigt eine starke Lichtquelle, damit ein helles Bild auf der Leinwand erscheint.

Abwickelspule
Diese Spule dreht sich dauernd und liefert dem Projektor stets neue Filmbilder.

Gebläse
Ein elektrisches Gebläse bläst Luft über die Lampe, um zu verhindern, dass der Projektor überhitzt und der Film beschädigt wird.

Flügelblende
Die Flügelblende lässt nur dann Licht durch, wenn ein Bild unbewegt im Strahlengang steht.

Aufwickelspule
Wenn der Film durch den Projektor gelaufen ist, wird er auf eine zweite Spule aufgewickelt.

Objektiv
Das Objektiv besteht aus mehreren Linsen. Es wirft die Lichtstrahlen so auf die Leinwand, dass ein scharfes Bild entsteht.

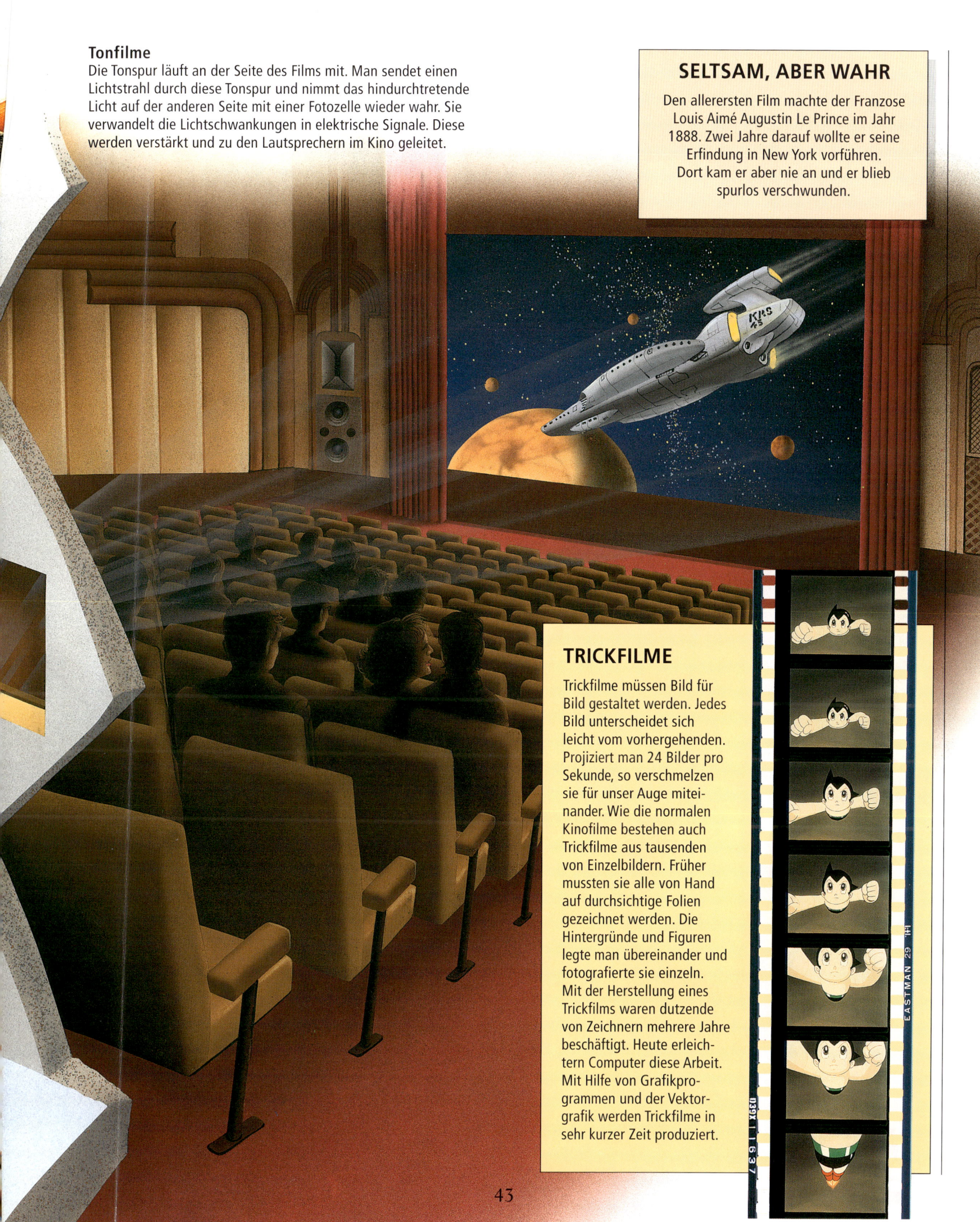

Tonfilme

Die Tonspur läuft an der Seite des Films mit. Man sendet einen Lichtstrahl durch diese Tonspur und nimmt das hindurchtretende Licht auf der anderen Seite mit einer Fotozelle wieder wahr. Sie verwandelt die Lichtschwankungen in elektrische Signale. Diese werden verstärkt und zu den Lautsprechern im Kino geleitet.

SELTSAM, ABER WAHR

Den allerersten Film machte der Franzose Louis Aimé Augustin Le Prince im Jahr 1888. Zwei Jahre darauf wollte er seine Erfindung in New York vorführen. Dort kam er aber nie an und er blieb spurlos verschwunden.

TRICKFILME

Trickfilme müssen Bild für Bild gestaltet werden. Jedes Bild unterscheidet sich leicht vom vorhergehenden. Projiziert man 24 Bilder pro Sekunde, so verschmelzen sie für unser Auge miteinander. Wie die normalen Kinofilme bestehen auch Trickfilme aus tausenden von Einzelbildern. Früher mussten sie alle von Hand auf durchsichtige Folien gezeichnet werden. Die Hintergründe und Figuren legte man übereinander und fotografierte sie einzeln. Mit der Herstellung eines Trickfilms waren dutzende von Zeichnern mehrere Jahre beschäftigt. Heute erleichtern Computer diese Arbeit. Mit Hilfe von Grafikprogrammen und der Vektorgrafik werden Trickfilme in sehr kurzer Zeit produziert.

Schallaufzeichnung

Aufgezeichnete Musik können wir überall und zu jeder Zeit hören, sogar wenn wir unterwegs sind. Dazu verwendet man einen Walkman, der entweder ein Tonbandgerät oder einen CD-Player enthält. In Tonbandgeräten wird die Musik magnetisch aufgezeichnet. Ein Mikrofon verwandelt die Schallwellen in elektrische Signale. Diese wiederum magnetisieren winzige Eisenteilchen auf dem vorbeilaufenden Band. CD-Player verwenden Licht. Die Musik ist in Form kleiner Vertiefungen oder Pits in der silbernen Scheibe gespeichert. Ein Laserstrahl tastet diese Pits ab. Ein Teil des Lichts wird dabei reflektiert. Ein Fotosensor erzeugt nach dem Muster des Laserlichts digitale elektrische Signale. Diese werden schließlich von einem Lautsprecher in Schall umgewandelt, den wir hören.

CD-Player
Im CD-Player tastet ein sehr feiner Laserstrahl Vertiefungen oder Pits auf der sich drehenden silbernen Scheibe ab.

Walkman
Der Walkman enthält meistens ein Tonbandgerät. Die Musik ist hier magnetisch auf dem Band aufgezeichnet. Die magnetischen Signale werden in elektrische Signale und diese schließlich von Lautsprechern in Schall umgewandelt.

Transportachsen
Die beiden Transportachsen passen in die Aussparungen der Kassette und drehen die Spulen mit dem Tonband.

Abspielkopf
Der Abspielkopf verwandelt die magnetischen Aufzeichnungen des Bandes in elektrische Signale.

WIE DAS TONBAND FUNKTIONIERT

Der Aufnahme/Wiedergabekopf des Tonbandgeräts enthält Elektromagnete. Sie verwandeln die eintreffenden elektrischen Signale in unterschiedlich starke Magnetfelder. Während das Band am Aufnahmekopf vorbeigeführt wird, sorgt der Elektromagnet dafür, dass die Eisenteilchen auf dem Band unterschiedlich stark magnetisiert werden. Wird das Band nun am Wiedergabekopf vorbeigeführt, so erzeugt es schwache elektrische Signale. Diese werden verstärkt und den Lautsprechern im Kopfhörer zugeführt.

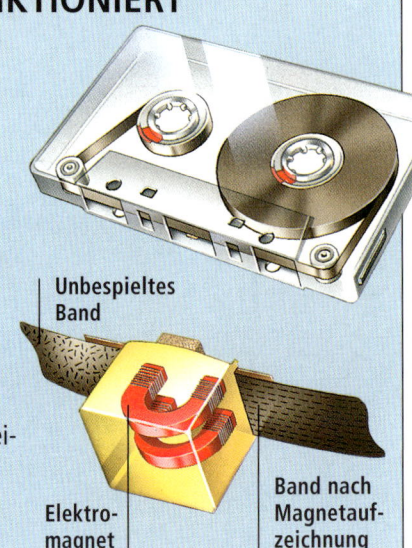

Unbespieltes Band

Elektromagnet

Band nach Magnetaufzeichnung

SCHON GEWUSST?

Die erste Schallaufzeichnung erfolgte auf mechanischem Weg: Schallwellen der menschlichen Stimme versetzten eine Membran in Schwingungen. Daran war eine Nadel befestigt. Sie grub eine dünne Spur in einen sich drehenden Zylinder aus Wachs. Bei der Wiedergabe führte man die Nadel die Rille entlang, die sie selbst gegraben hatte. Dadurch hörte man den Schall wieder.

Mikrofon
Showstars verwenden in großen Hallen meist Rundfunkmikrofone. Das Mikrofon verwandelt die Schallwellen in elektrische Signale. Ein Sender überträgt sie per Funk an einen Empfänger. Dieser speist die Signale in das Lautsprechersystem ein.

Das Abspielen von Musik
Auf einer Platine unter diesem Gehäuse verwandeln Digital-Analog-Wandler die digitalen, elektrischen Signale von der lichtempfindlichen Fotodiode in analoge Signale. Diese werden verstärkt und einem Lautsprecher zugeführt, der sie in Musik umwandelt.

Laser
Der Laser erzeugt einen scharf gebündelten Lichtstrahl, der von einer Linse auf die Compactdisc geworfen wird. Die Genauigkeit darf nicht unter einem tausendstel Millimeter liegen.

Pits
Eine normale Compactdisc mit einem Durchmesser von 12 cm kann eine Stunde Musik aufzeichnen. Sie enthält in einer Spirale unzählige kleinere oder größere Vertiefungen, die Pits. Diese werden vom Laserstrahl abgetastet.

Fotodiode
Sie verwandelt das reflektierte Laserlicht in digitale elektrische Signale.

Zum Weiterlesen 46–47

Musik in unseren Ohren

Ein Sinfonieorchester kann eine ganze Konzerthalle mit Musik erfüllen. Von der kleinsten Flöte bis zur größten Pauke bringen alle Musikinstrumente die Luft zum Schwingen. Blasinstrumente enthalten ein Blatt oder eine Zunge. Diese vibrieren und versetzen die darüber streichende Luft in Schwingungen. Bei Blechblasinstrumenten erzeugen die schwingenden Lippen des Bläsers den Ton. Bei Saiteninstrumenten schwingt die Saite hin und her und regt die Luft zu Schwingungen an. Dabei entsteht aber meist nur ein dünner Ton. Um ihn zu verstärken, haben die Saiteninstrumente einen großen Resonanzkörper. Einen solchen finden wir auch bei vielen Schlaginstrumenten wie der Trommel, dem Xylofon und dem Vibrafon. Jedes Musikinstrument hat seine eigene Klangfarbe. Sie entsteht vor allem durch die Obertöne.

Klavier und Flügel
Im Inneren eines Klaviers oder Flügels sind Stahlsaiten in einem Eisenrahmen ausgespannt. Jeder Saite oder Gruppe von Saiten ist ein Hammer zugeordnet. Wenn man eine Taste niederdrückt, schnellt der Hammer an die Saiten und schlägt sie an. Dank einer besonderen Mechanik kann man das Klavier leise (piano) oder laut (forte) spielen. Deshalb heißt es auch Pianoforte. Lange Saiten geben tiefe, kurze Saiten hohe Töne. Das Gehäuse des Flügels dient als Resonanzboden. Der schräg gestellte Deckel lenkt den Schall zum Publikum hin.

Panflöte
Wenn man quer über die Flöten bläst, versetzt man die Luft in deren Innerem in Schwingungen. Dabei entsteht ein Ton. In der langen Flöte ist er niedrig, in der kurzen hoch.

Tastatur
Ein Klavier hat 52 weiße und 36 schwarze Tasten.

Pedale
Mit dem rechten Pedal hebt man alle Dämpfer von den Saiten ab und die Töne hallen kräftig nach. Mit dem linken Pedal verschiebt man den Hammer in Richtung Saite, sodass beim Drücken einer Taste die Lautstärke verringert wird. Einige wenige Klaviere haben ein drittes Pedal in der Mitte. Wenn man dieses niederdrückt, klingt der angeschlagene Ton langsam aus.

SELBST GEMACHT
Wenn man eine Flasche mit einem Holzlöffel anschlägt, entsteht ein Ton. Gießt man etwas Wasser in die Flasche, so verringert sich die darin enthaltene Luftmenge und die Tonhöhe steigt. Mit mehreren Flaschen kann man sich selbst ein Xylofon zusammenstellen. Dazu muss man sie nur mit unterschiedlichen Wassermengen füllen. Das Abstimmen der Tonleiter erfolgt durch Zugabe oder Ausgießen von Wasser.

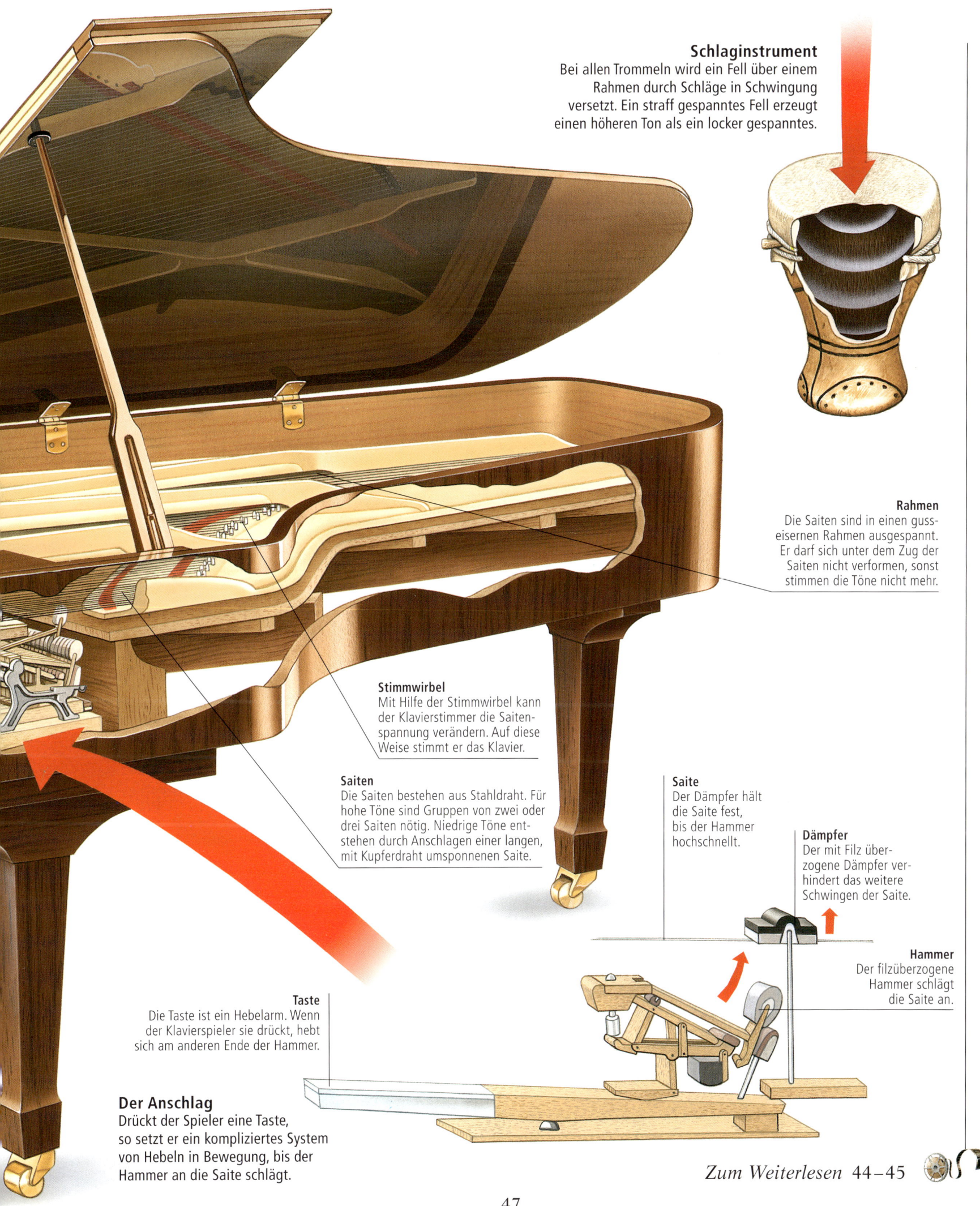

Schlaginstrument
Bei allen Trommeln wird ein Fell über einem Rahmen durch Schläge in Schwingung versetzt. Ein straff gespanntes Fell erzeugt einen höheren Ton als ein locker gespanntes.

Rahmen
Die Saiten sind in einen gusseisernen Rahmen ausgespannt. Er darf sich unter dem Zug der Saiten nicht verformen, sonst stimmen die Töne nicht mehr.

Stimmwirbel
Mit Hilfe der Stimmwirbel kann der Klavierstimmer die Saitenspannung verändern. Auf diese Weise stimmt er das Klavier.

Saiten
Die Saiten bestehen aus Stahldraht. Für hohe Töne sind Gruppen von zwei oder drei Saiten nötig. Niedrige Töne entstehen durch Anschlagen einer langen, mit Kupferdraht umsponnenen Saite.

Saite
Der Dämpfer hält die Saite fest, bis der Hammer hochschnellt.

Dämpfer
Der mit Filz überzogene Dämpfer verhindert das weitere Schwingen der Saite.

Hammer
Der filzüberzogene Hammer schlägt die Saite an.

Taste
Die Taste ist ein Hebelarm. Wenn der Klavierspieler sie drückt, hebt sich am anderen Ende der Hammer.

Der Anschlag
Drückt der Spieler eine Taste, so setzt er ein kompliziertes System von Hebeln in Bewegung, bis der Hammer an die Saite schlägt.

Zum Weiterlesen 44–45

Die Welt im Bild

Fernsehprogramme werden mit Radiowellen oder mit Kabeln übertragen. Die Antenne auf dem Dach fängt die Radiowellen auf und führt sie dem Gerät zu. Dort werden sie in elektrische Signale und diese schließlich in Bilder und Töne umgewandelt. Ein Elektronenstrahl baut das Bild aus Bildpunkten und einzelnen Zeilen auf. Jede Zeile besteht aus 625 Bildpunkten. Das Bild erscheint so schnell, dass für unser Auge der gesamte Bildschirm gleichzeitig aufleuchtet. Der Eindruck des Bildes, das wir sehen, bleibt nur für eine kurze Zeit auf der Netzhaut des Auges bestehen. In dieser Zeit erscheint auf dem Bildschirm bereits das nächste Bild. Für unsere Augen verschmelzen die aufeinander folgenden Bilder miteinander, sodass wir eine Bewegung zu sehen glauben. Das Fernsehen verwendet also denselben technischen Trick wie der Kinofilm. Beim Farbfernseher gibt es für die drei Grundfarben Rot, Grün und Blau auch drei verschiedene Elektronenstrahlen.

Fernseher
Der Fernseher verwandelt elektrische Signale, die über ein Kabel oder eine Antenne im Empfänger ankommen, in Bilder und Töne. Dieser Fernsehapparat besitzt einen besonders breiten Bildschirm.

Kopftrommel
Die Kopftrommel dreht sich in einem schrägen Winkel zum Band. Elektromagnete lesen dabei die Bildspuren, die schräg auf dem Videoband angeordnet sind. Man spricht dabei von Schrägspuraufzeichnung.

Videokassette
Wenn man eine Videokassette in den Rekorder schiebt, holen Führungsstifte das Band aus der Kassette und wickeln es automatisch um die Kopftrommel.

Bildschirm
Der Bildschirm ist das flache Ende der gläsernen Bildröhre, in der ein Vakuum herrscht.

Leuchtschicht
Die Innenseite des Bildschirms ist mit Metallsalzen beschichtet. Sie leuchten rot, grün oder blau auf, wenn sie vom Elektronenstrahl getroffen werden.

Loch- oder Schlitzmaske
Eine Maske aus Metall enthält Löcher oder Schlitze. Diese sind so angeordnet, dass jeder Elektronenstrahl nur den ihm zugehörigen Lichtpunkt trifft. Durch diesen Trick leuchten rote, grüne und blaue Lichtpunkte getrennt auf.

Videorekorder
Mit dem Videorekorder kann man Fernsehprogramme auf Band aufzeichnen. Man kann aber mit einer Videokamera auch selbst Filme aufnehmen und sie dann im Rekorder wieder abspielen.

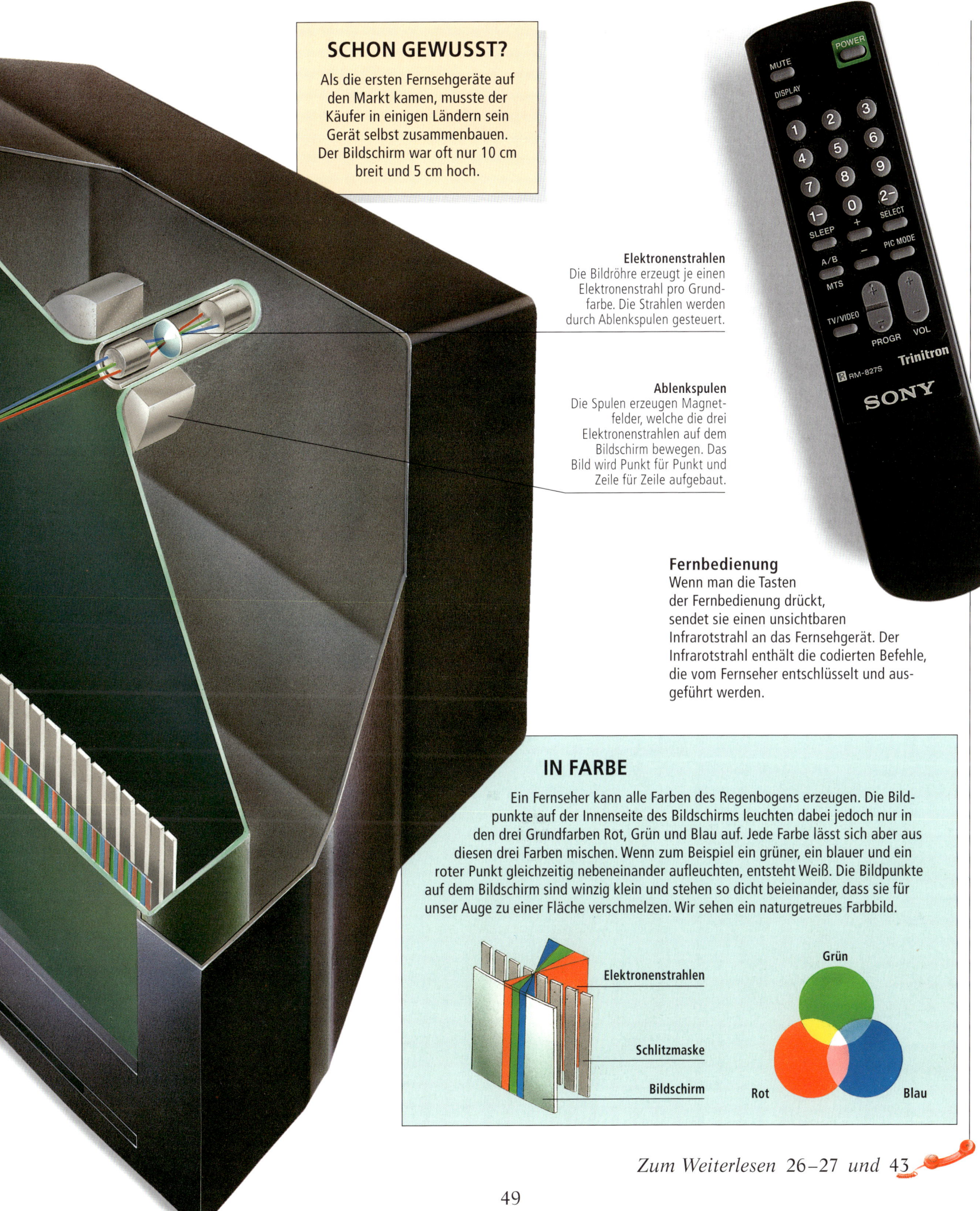

SCHON GEWUSST?

Als die ersten Fernsehgeräte auf den Markt kamen, musste der Käufer in einigen Ländern sein Gerät selbst zusammenbauen. Der Bildschirm war oft nur 10 cm breit und 5 cm hoch.

Elektronenstrahlen
Die Bildröhre erzeugt je einen Elektronenstrahl pro Grundfarbe. Die Strahlen werden durch Ablenkspulen gesteuert.

Ablenkspulen
Die Spulen erzeugen Magnetfelder, welche die drei Elektronenstrahlen auf dem Bildschirm bewegen. Das Bild wird Punkt für Punkt und Zeile für Zeile aufgebaut.

Fernbedienung
Wenn man die Tasten der Fernbedienung drückt, sendet sie einen unsichtbaren Infrarotstrahl an das Fernsehgerät. Der Infrarotstrahl enthält die codierten Befehle, die vom Fernseher entschlüsselt und ausgeführt werden.

IN FARBE

Ein Fernseher kann alle Farben des Regenbogens erzeugen. Die Bildpunkte auf der Innenseite des Bildschirms leuchten dabei jedoch nur in den drei Grundfarben Rot, Grün und Blau auf. Jede Farbe lässt sich aber aus diesen drei Farben mischen. Wenn zum Beispiel ein grüner, ein blauer und ein roter Punkt gleichzeitig nebeneinander aufleuchten, entsteht Weiß. Die Bildpunkte auf dem Bildschirm sind winzig klein und stehen so dicht beieinander, dass sie für unser Auge zu einer Fläche verschmelzen. Wir sehen ein naturgetreues Farbbild.

Zum Weiterlesen 26–27 und 43

Auf der Straße

Als Carl Benz vor über 100 Jahren seinen ersten Motorwagen entwickelte, konnte er sich wohl kaum vorstellen, wie kompliziert die Autos einmal sein würden. Moderne Autos enthalten zahlreiche mechanische und elektronische Systeme, die genau aufeinander abgestimmt sein müssen. Das Treibstoffsystem mit der Benzinpumpe führt dem Motor den Treibstoff zu. Das Zündungssystem erzeugt den elektrischen Funken genau in dem Augenblick, in dem das Treibstoff-Luft-Gemisch explosionsartig verbrennen soll. Das Getriebesystem überträgt die Kraft des Motors auf die Antriebsräder. Das Schmiersystem überzieht alle beweglichen Teile des Autos mit einem Ölfilm, damit möglichst wenig Reibung entsteht. Das Kühlsystem bewahrt den Motor vor Überhitzung. Das Bremssystem ist zweikreisig und bringt das Auto schnell zum Stehen. Das Fahrwerksystem aus Radaufhängung und Federung sorgt dafür, dass die Passagiere nicht jede Unebenheit der Straße spüren. Heute fahren auf den Straßen der Welt über 400 Millionen Personenautos!

Stoßdämpfer
Federn und mit Öl gefüllte Kolben schlucken Schläge von der Fahrbahn und verhindern, dass die Räder ins Schwingen geraten.

Reifen
Luftgefüllte Reifen federn sehr gut und lassen den Fahrer nicht jede Unebenheit des Bodens spüren.

Felgenbremse
Bremskabel in Bowdenzügen stellen die Verbindung zwischen den Bremsgriffen und den Bremsen her. Die Bremsbacken drücken beim Bremsen auf die Felgen.

Tank
Der Treibstoff, der im Motor verbrennt, wird vom Tank hinten im Auto nach vorne gepumpt.

Kette
Die Kette greift in die Zahnräder und treibt das Hinterrad an.

Gangschaltung
Bergauf legt man einen niedrigen Gang ein. Man muss dabei öfter treten, entwickelt aber mehr Kraft. In der Ebene legt man einen großen Gang ein.

Speichen
Dünne Drahtspeichen verbinden beim Fahrrad die Nabe mit den Felgen. Es ist dadurch unempfindlich gegen Seitenwind.

SELTSAM, ABER WAHR

Im Jahr 1865 beschränkte ein Gesetz in England die Geschwindigkeit dampfbetriebener Wagen auf 3 km/h. Ihnen musste ein Mann vorausgehen, der zur Warnung eine rote Fahne schwenkte!

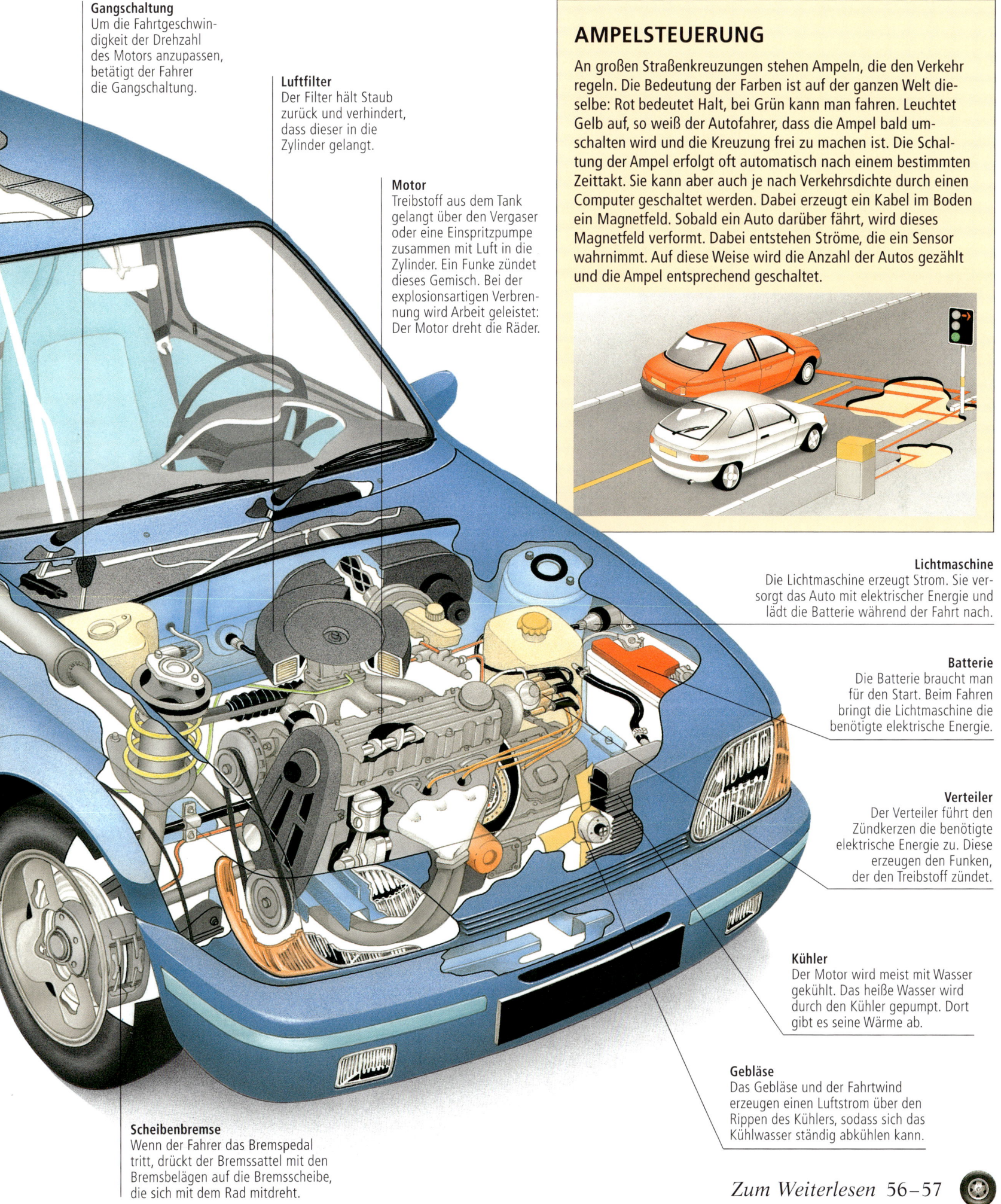

Gangschaltung
Um die Fahrtgeschwindigkeit der Drehzahl des Motors anzupassen, betätigt der Fahrer die Gangschaltung.

Luftfilter
Der Filter hält Staub zurück und verhindert, dass dieser in die Zylinder gelangt.

Motor
Treibstoff aus dem Tank gelangt über den Vergaser oder eine Einspritzpumpe zusammen mit Luft in die Zylinder. Ein Funke zündet dieses Gemisch. Bei der explosionsartigen Verbrennung wird Arbeit geleistet: Der Motor dreht die Räder.

AMPELSTEUERUNG

An großen Straßenkreuzungen stehen Ampeln, die den Verkehr regeln. Die Bedeutung der Farben ist auf der ganzen Welt dieselbe: Rot bedeutet Halt, bei Grün kann man fahren. Leuchtet Gelb auf, so weiß der Autofahrer, dass die Ampel bald umschalten wird und die Kreuzung frei zu machen ist. Die Schaltung der Ampel erfolgt oft automatisch nach einem bestimmten Zeittakt. Sie kann aber auch je nach Verkehrsdichte durch einen Computer geschaltet werden. Dabei erzeugt ein Kabel im Boden ein Magnetfeld. Sobald ein Auto darüber fährt, wird dieses Magnetfeld verformt. Dabei entstehen Ströme, die ein Sensor wahrnimmt. Auf diese Weise wird die Anzahl der Autos gezählt und die Ampel entsprechend geschaltet.

Lichtmaschine
Die Lichtmaschine erzeugt Strom. Sie versorgt das Auto mit elektrischer Energie und lädt die Batterie während der Fahrt nach.

Batterie
Die Batterie braucht man für den Start. Beim Fahren bringt die Lichtmaschine die benötigte elektrische Energie.

Verteiler
Der Verteiler führt den Zündkerzen die benötigte elektrische Energie zu. Diese erzeugen den Funken, der den Treibstoff zündet.

Kühler
Der Motor wird meist mit Wasser gekühlt. Das heiße Wasser wird durch den Kühler gepumpt. Dort gibt es seine Wärme ab.

Gebläse
Das Gebläse und der Fahrtwind erzeugen einen Luftstrom über den Rippen des Kühlers, sodass sich das Kühlwasser ständig abkühlen kann.

Scheibenbremse
Wenn der Fahrer das Bremspedal tritt, drückt der Bremssattel mit den Bremsbelägen auf die Bremsscheibe, die sich mit dem Rad mitdreht.

Zum Weiterlesen 56–57

Eisenbahnsignale

Farbige Lichtsignale neben dem Gleis sagen dem Zugführer, ob er weiterfahren darf oder nicht.

Ein grünes Signal zeigt an, dass zwei oder mehr Streckenabschnitte frei sind und befahren werden können.

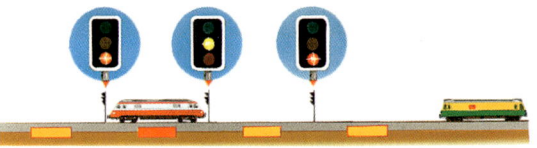

Ein gelbes Signal zeigt an, dass zwischen zwei Zügen nur ein freier Streckenabschnitt liegt. Wenn ein Zug dieses Signal überfährt, wird es rot.

Das rote Signal gibt an, dass der nächste Streckenabschnitt nicht frei ist. In der Kabine des Zugführers ertönt Alarm.

Nach dem Anhalten ertönt das Alarmzeichen weiterhin und sagt dem Zugführer, dass er nicht weiterfahren darf.

Auf der Schiene

Es gibt vier Arten von Lokomotiven: Dampfloks, Dieselloks, dieselelektrische Lokomotiven und Elektroloks. Dampfloks werden nur noch selten verwendet. Man verbrennt unter einem Kessel Kohle und verwandelt dadurch Wasser in Wasserdampf. Die Dampfmaschine setzt dann den Kolben im Zylinder in Bewegung. Über eine Pleuelstange werden die Räder angetrieben. Diesellokomotiven verbrennen Öl in einem Motor und treiben dadurch, ähnlich wie ein Auto, die Räder an. Dieselelektrische Lokomotiven treiben mit einem Dieselmotor einen Generator an. Dieser erzeugt den benötigten Strom für die Elektromotoren. Die schnellsten Lokomotiven fahren mit Elektromotoren, die elektrische Energie aus einer Oberleitung direkt in Bewegung umwandeln. Der deutsche InterCityExpress (ICE), einer der schnellsten Züge der Welt, erreicht dabei Höchstgeschwindigkeiten von über 400 km/h. Normalerweise ist er aber nur bis zu 250 km schnell.

Der ICE
Der InterCityExpress ist einer der schnellsten Hochgeschwindigkeitszüge der Welt.

Kombination
Antriebswagen und Reisewagen bilden bei Hochgeschwindigkeitszügen eine feste Einheit.

Zugrestaurant
Moderne Fernzüge haben ein Restaurant, in dem man essen und trinken kann.

GESCHWINDIGKEIT DURCH MAGNETISMUS

Magnetschwebebahnen haben keine Räder. Sie werden von starken Magnetfeldern sozusagen in der Luft gehalten. Die erforderlichen Magnetkräfte werden von Elektromagneten in der Gleisspur und im Zug selbst erzeugt. Auch die Vorwärtsbewegung des Zuges erfolgt durch Magnetkraft. Magnete vor dem Zug ziehen ihn an, Magnete hinter dem Zug stoßen ihn ab. Die deutsche Magnetschwebebahn *Transrapid* ist der schnellste Zug der Welt. Der *Transrapid* erreicht eine durchschnittliche Reisegeschwindigkeit von 400 km/h. Für die Passagiere ist das Reisen in einem solchen Zug außerordentlich ruhig und deshalb sehr angenehm.

Englische Magnetschwebebahn

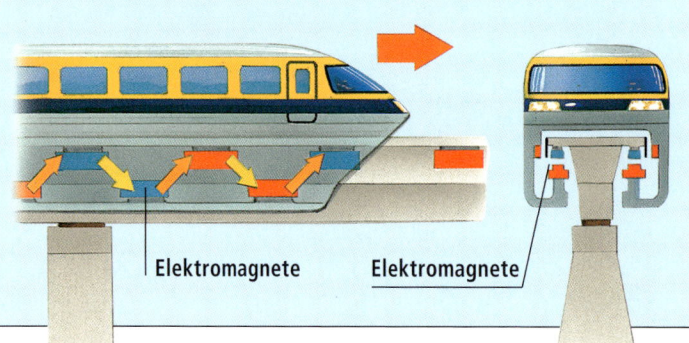

Elektromagnete   Elektromagnete

SCHON GEWUSST?

Als der Kompass aufkam, wussten die Seeleute noch nicht, wie dieser funktionierte. Viele fürchteten sich vor der scheinbar magischen Kraft der Kompassnadel. Deshalb versteckte man den Kompass vor der Mannschaft in einer Dose.

Durch die Ozeane

Jeder Körper, ob Mensch, Tier oder Schiff, der sich durch das Wasser bewegt, stößt auf den Wasserwiderstand. Deswegen verleihen die Schiffsbauer dem Rumpf ihrer Schiffe eine Stromlinienform. Fast alle Schiffe und auch Tauchboote werden von Propellern mit angewinkelten Blättern vorwärts getrieben. Dadurch wird der Antrieb im Wasser erhöht. Alle Körper erfahren im Wasser aber noch eine andere Kraft, den Auftrieb. Wenn der Auftrieb so groß ist wie das Gewicht eines Schiffes, schwimmt dieses. Die Kraft des Auftriebs entspricht dabei dem Gewicht der Wassermenge, die das Schiff verdrängt. Wiegt das Schiff mehr, so sinkt es. Unterseeboote oder Tauchboote nehmen Wasser in ihre Ballasttanks auf, um abtauchen zu können. Wenn sie wieder zur Wasseroberfläche aufsteigen wollen, wird das Wasser mit Druckluft aus den Tanks herausgeblasen.

Greifarm
Ein Greifarm mit einer mechanischen Hand am Ende kann Gegenstände vom Meeresboden holen.

Segel setzen
Dieses Segelschiff nutzt den Wind von hinten („achtern"). Es stellt sein Segel quer zum Wind und hat auch den großen Spinnaker gesetzt. Wenn der Wind schräg von vorn kommt, funktioniert das Segel wie ein Flugzeugflügel: Druckunterschiede zwischen der windzugekehrten und der windabgekehrten Seite erzeugen einen Vortrieb, mit dessen Hilfe man sogar gegen den Wind segeln kann.

Unter der Oberfläche
Wissenschaftler untersuchen mit Tauchbooten den Meeresboden und seine Tierwelt und erforschen Schiffswracks.

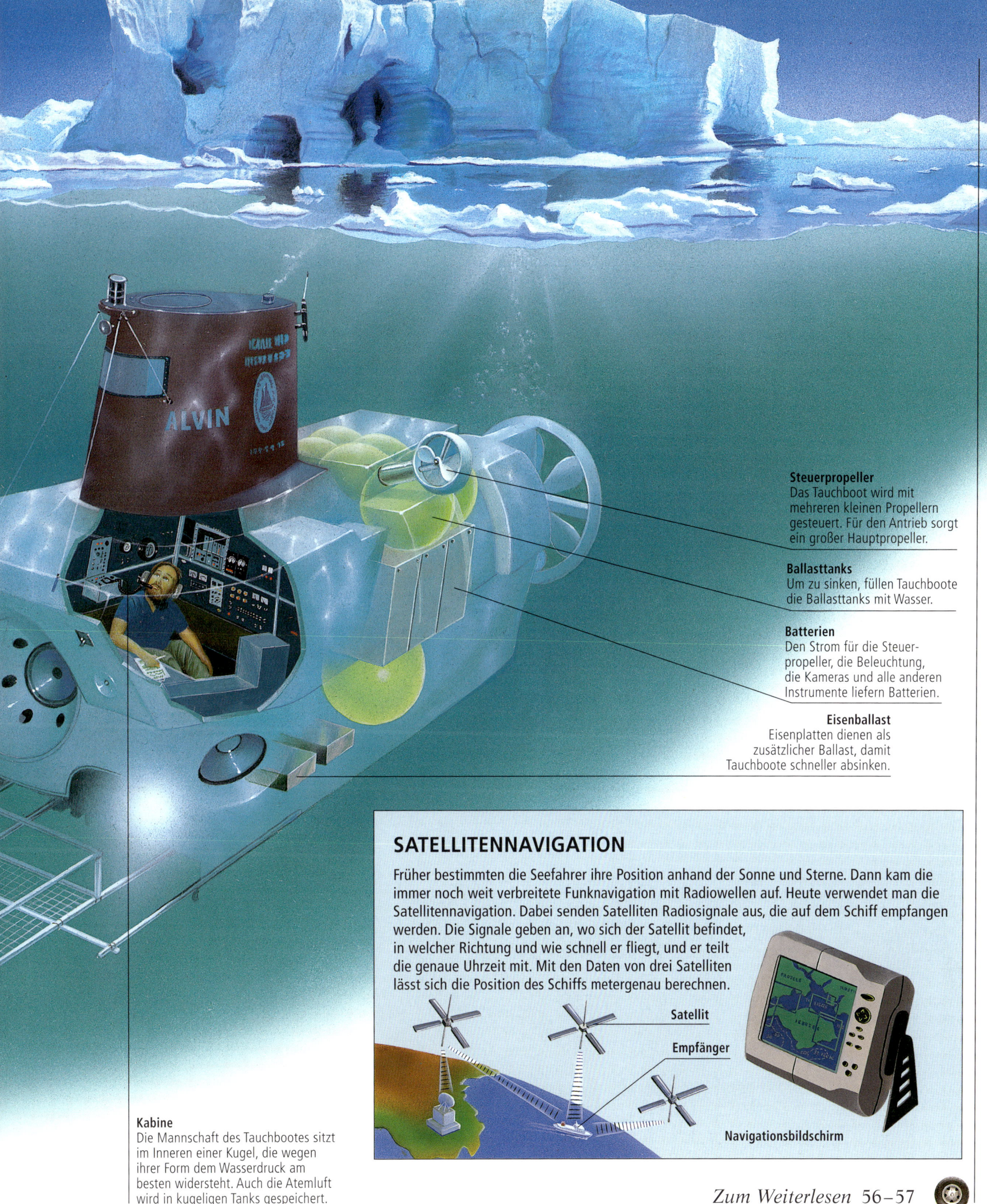

Steuerpropeller
Das Tauchboot wird mit mehreren kleinen Propellern gesteuert. Für den Antrieb sorgt ein großer Hauptpropeller.

Ballasttanks
Um zu sinken, füllen Tauchboote die Ballasttanks mit Wasser.

Batterien
Den Strom für die Steuerpropeller, die Beleuchtung, die Kameras und alle anderen Instrumente liefern Batterien.

Eisenballast
Eisenplatten dienen als zusätzlicher Ballast, damit Tauchboote schneller absinken.

SATELLITENNAVIGATION

Früher bestimmten die Seefahrer ihre Position anhand der Sonne und Sterne. Dann kam die immer noch weit verbreitete Funknavigation mit Radiowellen auf. Heute verwendet man die Satellitennavigation. Dabei senden Satelliten Radiosignale aus, die auf dem Schiff empfangen werden. Die Signale geben an, wo sich der Satellit befindet, in welcher Richtung und wie schnell er fliegt, und er teilt die genaue Uhrzeit mit. Mit den Daten von drei Satelliten lässt sich die Position des Schiffs metergenau berechnen.

Satellit
Empfänger
Navigationsbildschirm

Kabine
Die Mannschaft des Tauchbootes sitzt im Inneren einer Kugel, die wegen ihrer Form dem Wasserdruck am besten widersteht. Auch die Atemluft wird in kugeligen Tanks gespeichert.

Zum Weiterlesen 56–57

Auftrieb
Der Auftrieb entsteht durch den Druckunterschied zwischen Oberseite und Unterseite der Tragflügel.

Vortrieb
Die Triebwerke erzeugen den Vortrieb und damit die Vorwärtsbewegung des Flugzeugs.

Airbus A340
Dieses Langstreckenflugzeug hat vier Triebwerke und kann große Treibstoffmengen mit sich führen.

Gewicht
Das Gewicht des Flugzeugs entsteht durch die Schwerkraft der Erde.

In der Luft

Der Airbus A340 wiegt rund 250 Tonnen. Am Boden sieht dieses Ungetüm aus, als könne es sich niemals in die Luft erheben und fliegen. Doch wenn der Airbus seine Startgeschwindigkeit von 295 km/h erreicht hat, hebt sich seine Nase und er verlässt den Boden. Flugzeuge erheben sich wegen ihrer Flügelform in die Luft. Die Luft strömt über die gewölbte Flügeloberseite schneller als über die flache Unterseite. Dadurch entsteht an der Oberfläche ein Sog, der das Flugzeug nach oben zieht. An der Unterseite entsteht ein Stau, der es hochdrückt. Beide Kräfte zusammen ergeben den nach oben gerichteten Auftrieb. Wird der Auftrieb größer als das Gewicht des ganzen Flugzeugs, so hebt es ab. Die Steuerung erfolgt über bewegliche Flächen an den Tragflügeln (Querruder) und am Leitwerk (Seitenruder, Höhenruder).

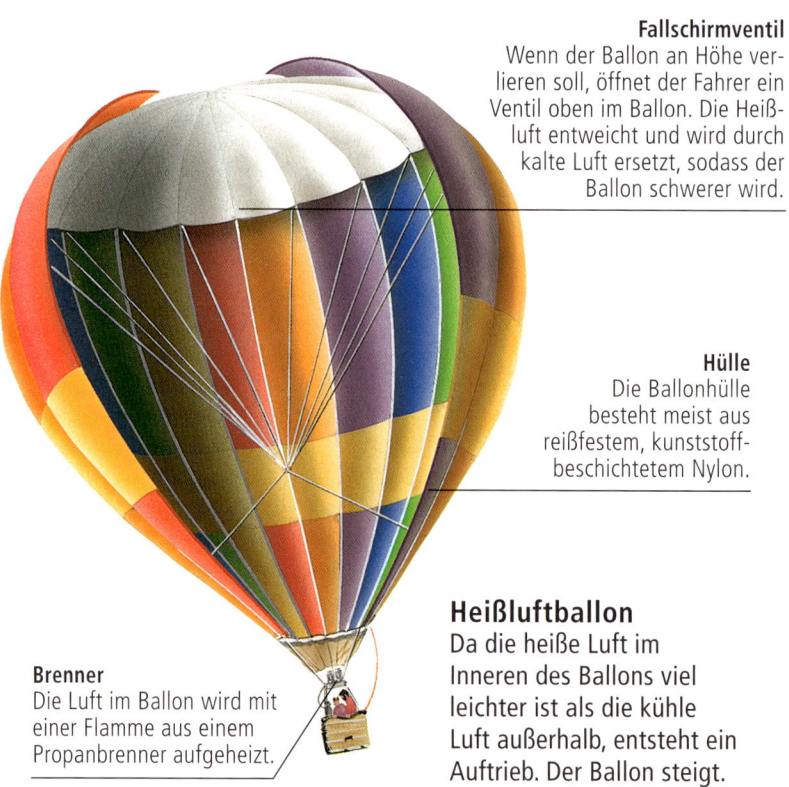

Fallschirmventil
Wenn der Ballon an Höhe verlieren soll, öffnet der Fahrer ein Ventil oben im Ballon. Die Heißluft entweicht und wird durch kalte Luft ersetzt, sodass der Ballon schwerer wird.

Hülle
Die Ballonhülle besteht meist aus reißfestem, kunststoffbeschichtetem Nylon.

Brenner
Die Luft im Ballon wird mit einer Flamme aus einem Propanbrenner aufgeheizt.

Heißluftballon
Da die heiße Luft im Inneren des Ballons viel leichter ist als die kühle Luft außerhalb, entsteht ein Auftrieb. Der Ballon steigt.

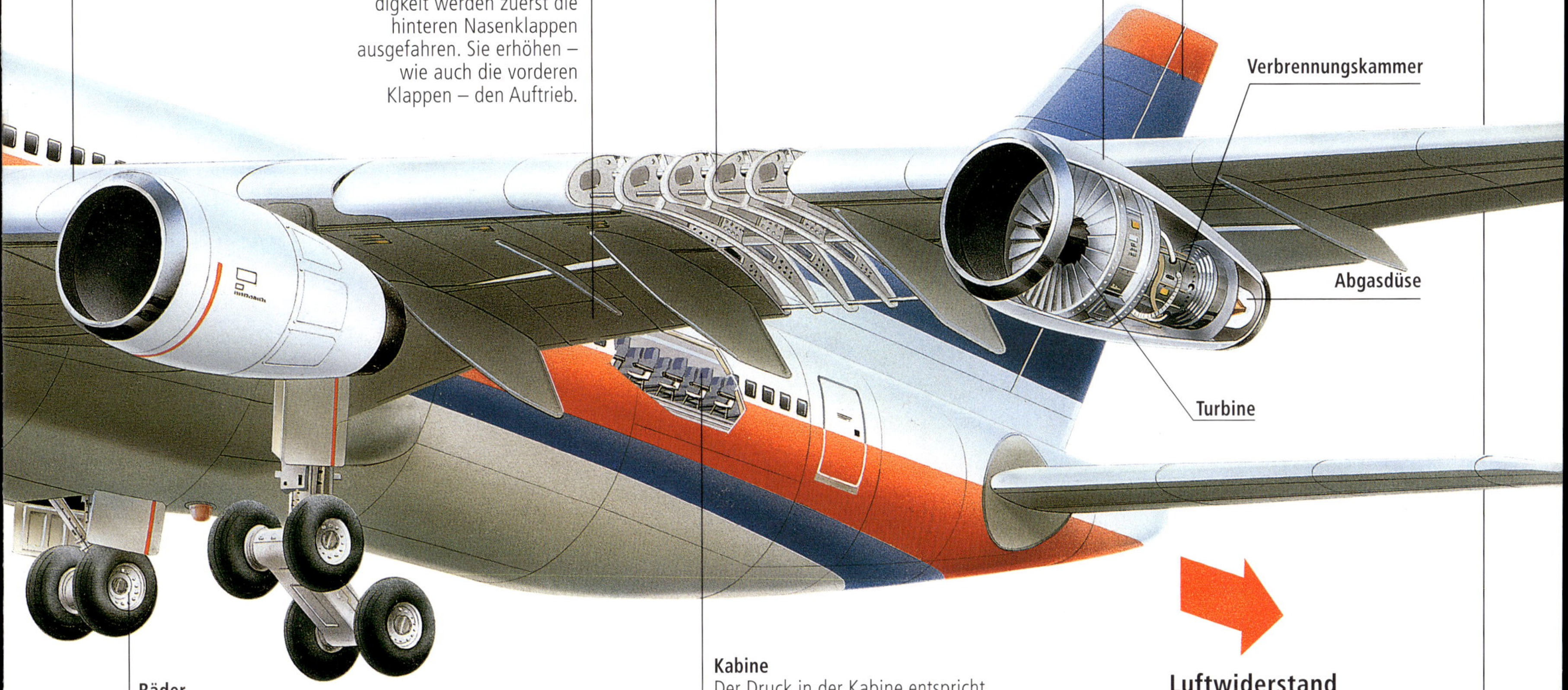

Nasenklappen
An der Vorderkante der Flügel werden Nasenklappen ausgefahren. Sie erzeugen bei niedrigen Geschwindigkeiten mehr Auftrieb.

Flügelholme
Die Tragflügel setzen sich aus den Flügelholmen zusammen, die parallel zur Flugrichtung laufen. Die Holme sind durch Rippen miteinander verbunden.

Triebwerk
Das Strahltriebwerk saugt Luft an und verdichtet sie. Die Luft wird in der Verbrennungskammer mit Brennstoff gemischt und entzündet sich dort. Die heißen Abgase treten dabei mit hoher Geschwindigkeit nach hinten aus und erzeugen den Vortrieb.

Seitenruder
Wenn der Pilot das Seitenruder bewegt, entsteht eine so genannte Gierbewegung.

Landeklappen
Bei niedriger Geschwindigkeit werden zuerst die hinteren Nasenklappen ausgefahren. Sie erhöhen – wie auch die vorderen Klappen – den Auftrieb.

Verbrennungskammer

Abgasdüse

Turbine

Räder
Sobald das Flugzeug in der Luft ist, wird das Fahrwerk in den Rumpf eingeklinkt.

Kabine
Der Druck in der Kabine entspricht ungefähr dem Luftdruck in 2000 m Höhe. Ohne diesen Überdruck könnten die Passagiere nicht normal atmen.

Luftwiderstand
Der Luftwiderstand ist dem Vortrieb entgegengesetzt und bremst das Flugzeug ab.

WIE RADAR FUNKTIONIERT

Eine drehbare Antenne sendet Radiowellen in alle Richtungen aus. Metallische Körper, wie der Rumpf eines Flugzeugs, die von den Wellen getroffen werden, reflektieren diese. Die Antenne fängt die zurückkehrenden Wellen wieder auf. Die Zeit, die zwischen Aussenden und Empfangen der Radarwellen verstreicht, kann sehr genau gemessen werden. Damit lässt sich die Entfernung und die Position des Flugzeugs berechnen. Auf dem Radarschirm erscheint das Flugzeug als leuchtender Punkt.

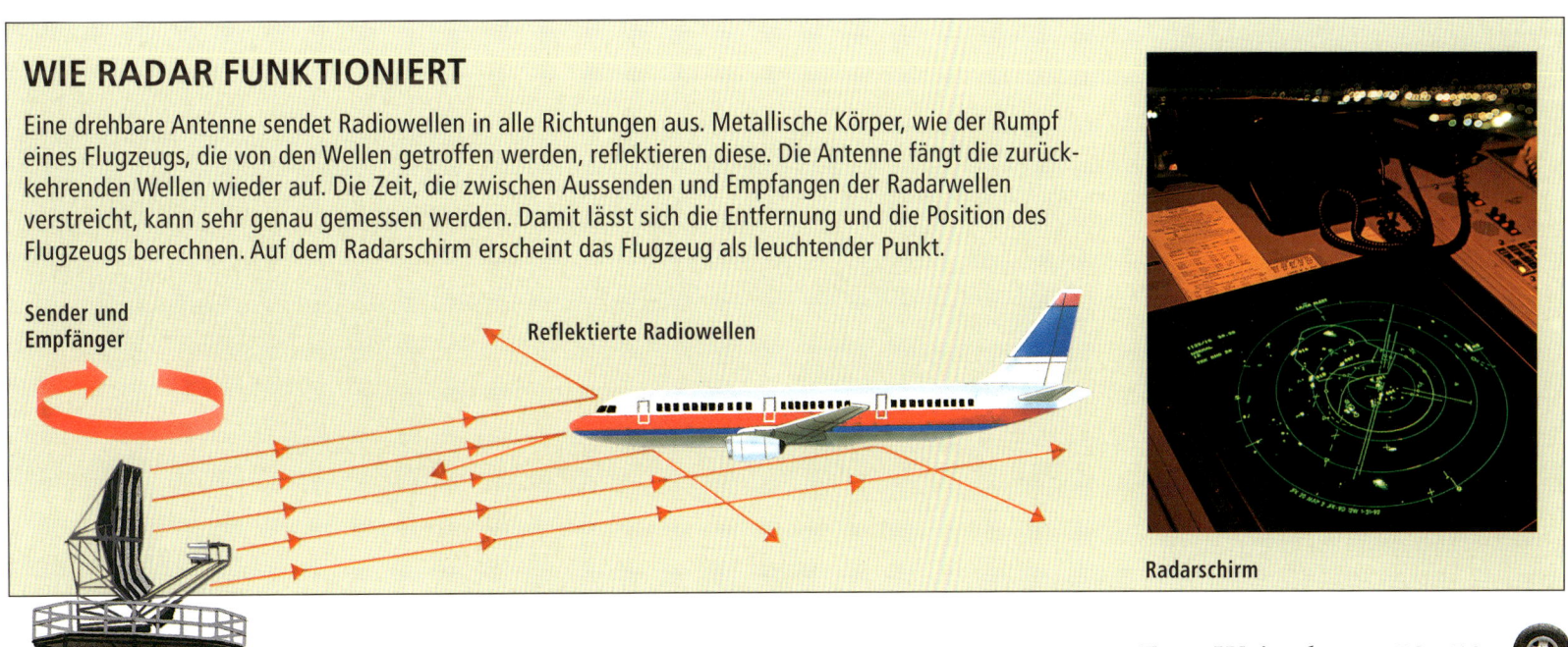

Sender und Empfänger

Reflektierte Radiowellen

Radarschirm

Zum Weiterlesen 58–59

Im Weltraum

Erst die moderne Technik hat Flüge in den Weltraum ermöglicht. Für den Antrieb in diesem luftleeren Raum brauchte man besondere Motoren. Bei jeder Verbrennung wird Sauerstoff benötigt. Da es diesen im Weltraum nicht gibt, müssen Raketen ihren gesamten Sauerstoff mit sich führen. Wenn der Raketentreibstoff verbrennt, dehnen sich die heißen Abgase schnell aus und treten durch eine Düse nach hinten aus. Dadurch verleihen sie der Rakete eine Bewegung nach vorn. Durch Schwenken der Düse lässt sich die Rakete lenken. Zu Beginn der Raumfahrt konnte man die Raketen und Raumfahrzeuge nur einmal benutzen. Im Jahr 1981 starteten die Amerikaner jedoch den wieder verwendbaren Spaceshuttle. Er besteht aus dem Raumgleiter, zwei Feststoffraketen oder Booster und einem großen Außentank. Der Spaceshuttle startet wie eine Rakete und kehrt wie ein Flugzeug aus dem Weltraum zurück. Mit solchen Raumgleitern will man riesige Stationen im Weltraum bauen, die dauernd bewohnt sein sollen. Die internationale Weltraumstation ISS ist der erste Schritt, dieses Vorhaben zu verwirklichen.

SCHON GEWUSST?

Im Jahr 1976 landeten zwei Viking-Sonden auf dem Mars und untersuchten den Boden dieses Planeten nach Leben. Die Tests verliefen negativ. Dennoch sandten die beiden Sonden wichtige Daten über den Mars auf die Erde.

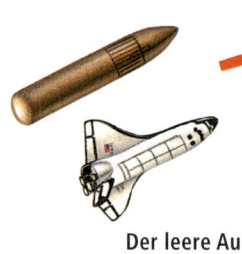

Flugdeck
Der Raumgleiter oder Orbiter wird von Piloten im Flugdeck gesteuert.

Wärmekacheln
Hitzefeste Kacheln schützen den Raumgleiter beim Wiedereintritt in die Atmosphäre. Er erhitzt sich durch Reibung an den Luftteilchen.

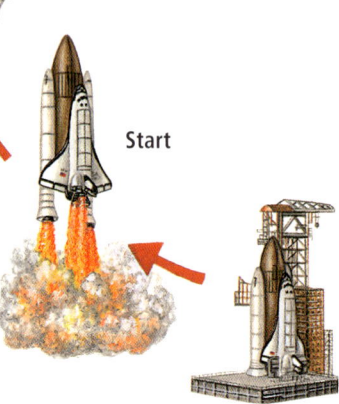

Start

Die Feststoffraketen werden abgesprengt.

Der leere Außentank wird abgesprengt.

Der Raumgleiter fliegt nun allein im Weltraum.

Ein Satellit wird aus der Ladebucht ausgesetzt.

Der Raumgleiter zündet seine Triebwerke für die Rückkehr zur Erde.

Flug mit dem Spaceshuttle
Im Gegensatz zu früheren Raumschiffen kann der Spaceshuttle wieder genutzt werden. Nach jedem Flug wird er kontrolliert und für den nächsten Start ins Weltall vorbereitet.

Der Spaceshuttle wird für den Start vorbereitet.

Beim Eintritt in die Atmosphäre werden die Hitzekacheln rot glühend.

Der Orbiter gleitet im Sinkflug zur Landebahn.

Landung

Spaceshuttle

Zwei Astronauten überprüfen einen Satelliten, der aus der Ladebucht des Spaceshuttles ausgesetzt wird. Sicherheitsleinen zum Raumgleiter verhindern, dass sie ins Weltall abdriften. Kleine Satelliten setzt man mit Hilfe von Federn aus, größere hebt der Manipulatorarm aus der Ladebucht. Wenn sich der Raumgleiter entfernt hat, bringen die kleine Raketen des Satelliten diesen auf die richtige Bahn.

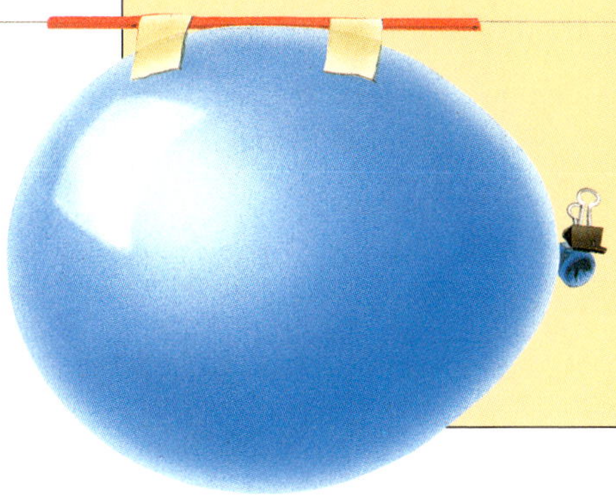

SELBST GEMACHT

Mit einem Ballon kann man eine Rakete bauen. Man bläst den Ballon auf, verschließt das Ende mit einer Klammer und befestigt einen Trinkhalm mit Klebestreifen am Ballon. Nun zieht man eine Schnur durch den Halm und bindet sie an zwei Stühlen fest, die 2 m auseinander stehen. Beim Start öffnet man die Düse des Ballons. Die Luft strömt aus und treibt die Rakete in die entgegengesetzte Richtung.

Ladebucht
Die Ladebucht ist 18 m lang und 5 m breit. Hier finden Satelliten und vollständig ausgerüstete wissenschaftliche Laboratorien Platz.

Roboter
Der Raumgleiter ist mit einem Arm ausgerüstet, der sich in allen Ebenen bewegen lässt. Er ist einem menschlichen Arm nachgebildet.

Manövriersystem (OMS)
Dieses System aus zwei Düsen bringt den Shuttle in eine höhere oder niedrigere Umlaufbahn und leitet den Wiedereintritt in die Atmosphäre ein.

Lagekontrolldüsen
Mit diesen kleinen Triebwerken kann der Raumgleiter seine Lage verändern.

Haupttriebwerke
Die drei Triebwerke laufen beim Start 8½ Minuten lang. Sie verbrennen den Inhalt des Außentanks und bringen den Spaceshuttle in den Weltraum.

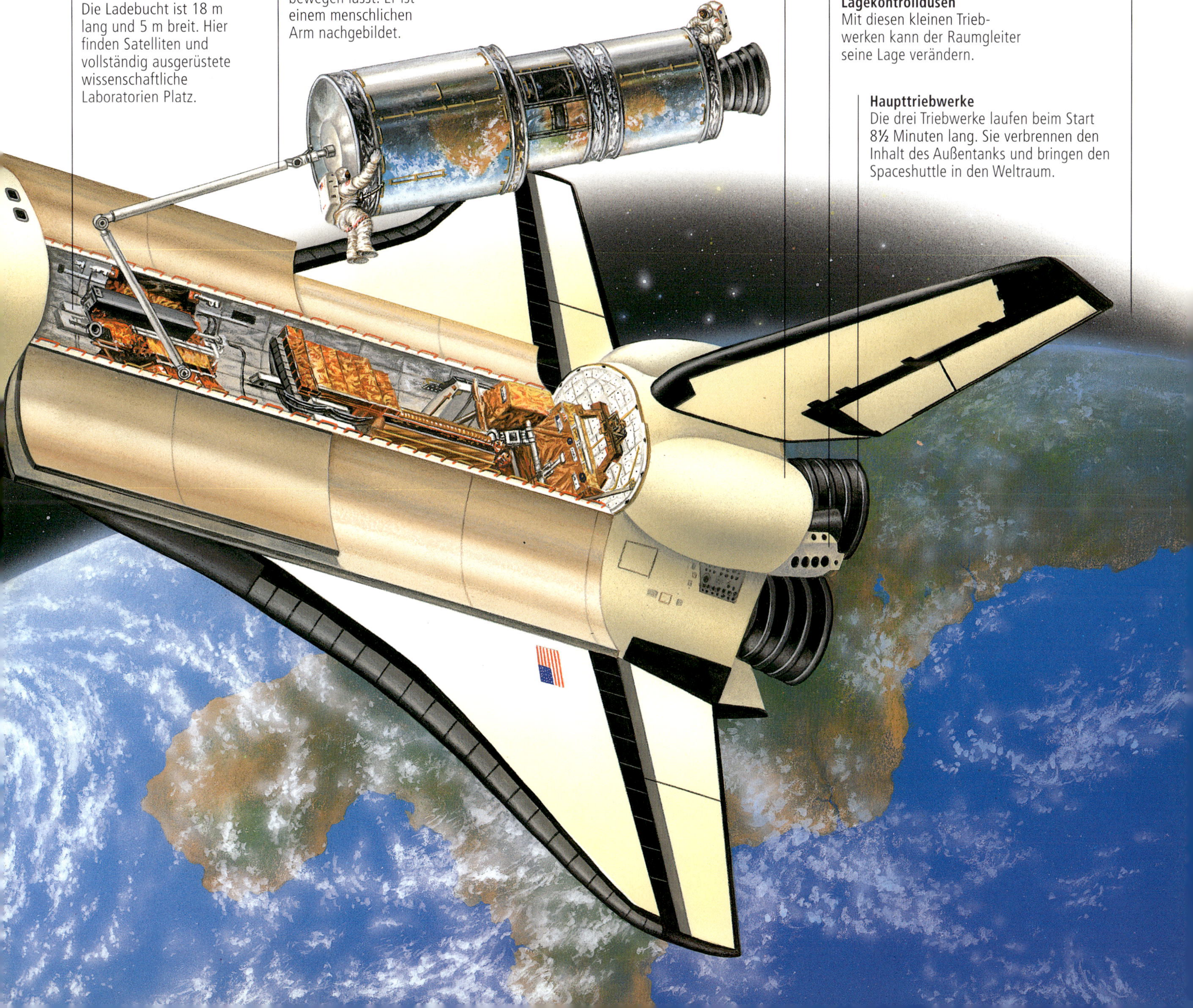

Naturgesetze

Alle Maschinen und Geräte des Menschen, vom Vergrößerungsglas über den Computer bis zum Spaceshuttle, machen von physikalischen Gesetzmäßigkeiten Gebrauch. Wenn man ein paar dieser Naturgesetze kennt, fällt es leichter, den Aufbau und die Funktionsweise von Maschinen zu verstehen. Die wichtigsten Naturgesetze sind hier erklärt:

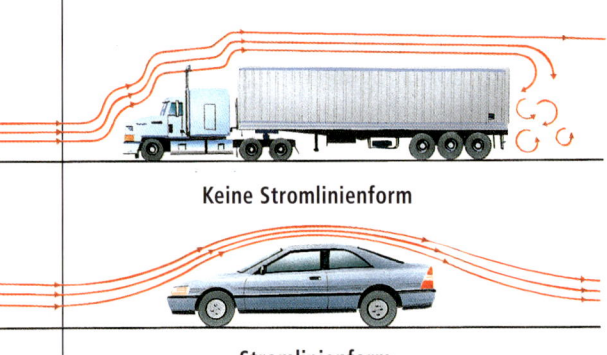

Keine Stromlinienform

Stromlinienform

Aerodynamik

Die Aerodynamik untersucht, wie sich strömende Luft verhält. Die Form der Körper entscheidet darüber, wie diese von der Luft umflossen werden. Ein Lastwagen mit Ecken und Kanten hat einen großen Luftwiderstand, ein Personenwagen mit Stromlinienform nur einen geringen. Alle Körper, die sich mit hoher Geschwindigkeit bewegen, wie Rennautos, Flugzeuge oder Raketen, haben eine Stromlinienform.

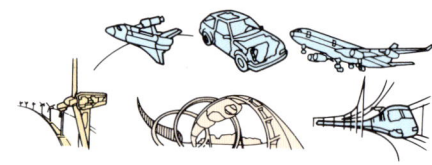

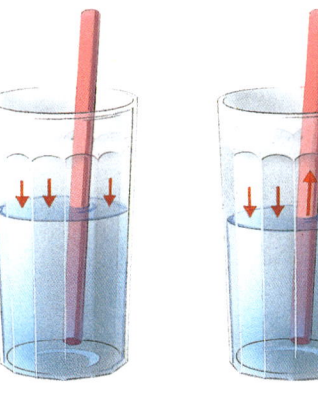

Gleicher Luftdruck   Geringerer Luftdruck im Halm

Luftdruck

Auch Luft hat ein Gewicht. Somit übt die Luftsäule über uns einen Druck aus. Hoch oben im Gebirge ist der Luftdruck geringer als im Tal. Beim Trinken mit einem Strohhalm macht man vom Luftdruck Gebrauch. Man saugt Luft aus dem Halm heraus und senkt somit den Luftdruck im Inneren. Der stärkere Luftdruck außen drückt auf die Flüssigkeit, sodass sie schließlich im Halm hochsteigt.

 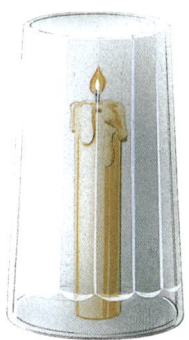

Genügend Sauerstoff   Zu wenig Sauerstoff

Verbrennung

Bei der Verbrennung reagiert ein Stoff sehr schnell mit Sauerstoff. Dabei entstehen Hitze und Licht in Form einer Flamme. Luft enthält etwa 23 % Sauerstoff. Deshalb findet in Luft jede Verbrennung ungehindert statt. Stülpt man jedoch ein Glas über eine brennende Kerze, so geht die Flamme bald aus, nachdem sie den ganzen Sauerstoff im Inneren aufgezehrt hat.

Elektromagnetische Wellen

Licht, Radiowellen und Röntgenstrahlen sind elektromagnetische Wellen. Sie entstehen durch schwingende elektrische und magnetische Felder. Der Unterschied zwischen den genannten Strahlen liegt nur in der Wellenlänge. Unsere Augen nehmen nur einen winzigen Ausschnitt aus dem gesamten elektromagnetischen Spektrum wahr, das Licht. Die Wellenlängen sind dabei in Metern angegeben. Die Zahlen in der oberen Leiste bedeuten, nach rechts fortschreitend, das jeweils Zehnfache: $10^2 = 10 \times 10 = 100$. $10^3 = 10 \times 10 \times 10 = 1000$. 10^{-2} ist ein Hundertstel und 10^{-3} ein Tausendstel.

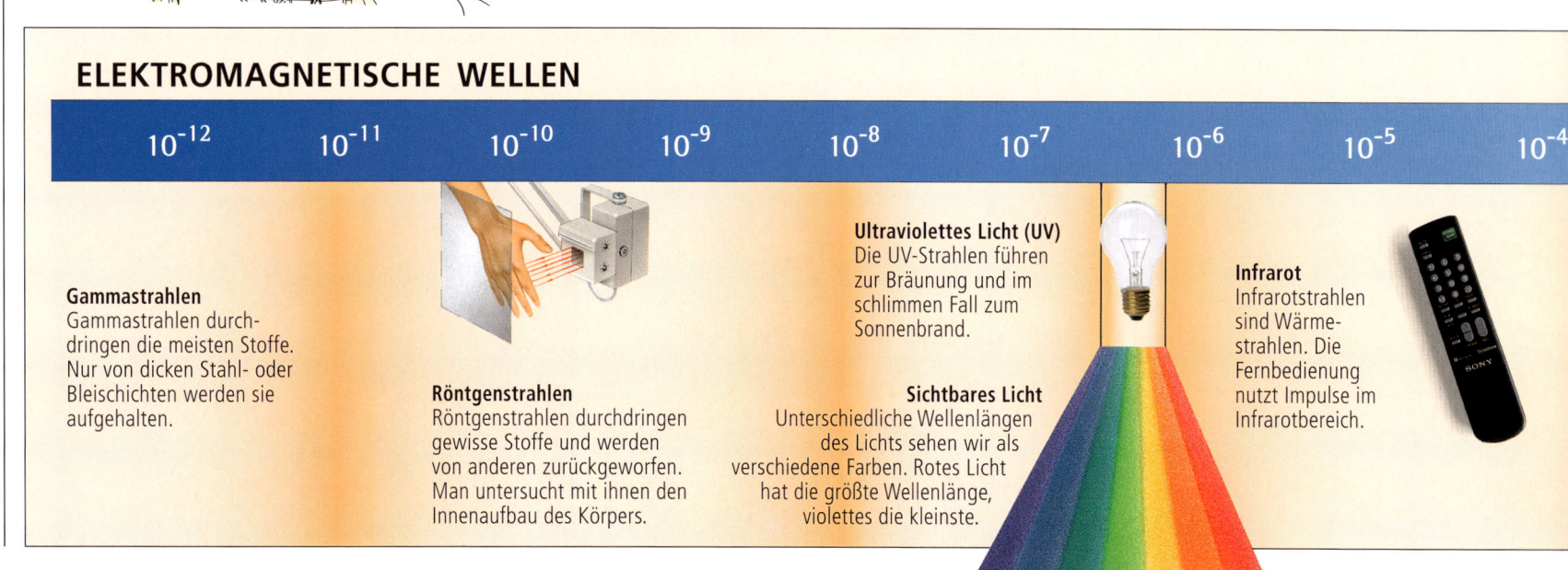

ELEKTROMAGNETISCHE WELLEN

10^{-12} 10^{-11} 10^{-10} 10^{-9} 10^{-8} 10^{-7} 10^{-6} 10^{-5} 10^{-4}

Gammastrahlen
Gammastrahlen durchdringen die meisten Stoffe. Nur von dicken Stahl- oder Bleischichten werden sie aufgehalten.

Röntgenstrahlen
Röntgenstrahlen durchdringen gewisse Stoffe und werden von anderen zurückgeworfen. Man untersucht mit ihnen den Innenaufbau des Körpers.

Ultraviolettes Licht (UV)
Die UV-Strahlen führen zur Bräunung und im schlimmen Fall zum Sonnenbrand.

Sichtbares Licht
Unterschiedliche Wellenlängen des Lichts sehen wir als verschiedene Farben. Rotes Licht hat die größte Wellenlänge, violettes die kleinste.

Infrarot
Infrarotstrahlen sind Wärmestrahlen. Die Fernbedienung nutzt Impulse im Infrarotbereich.

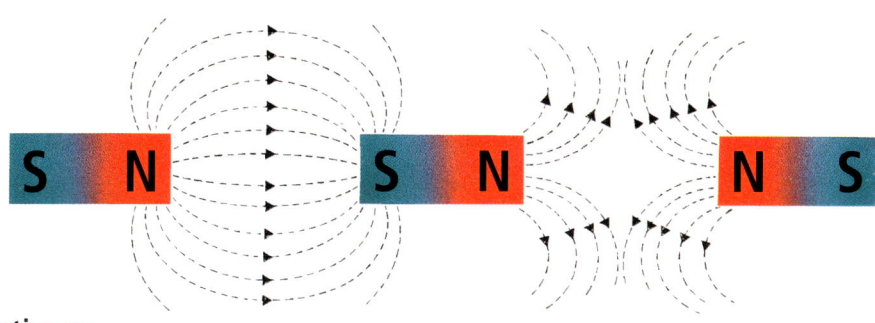

Magnetismus
Magnete ziehen Stoffe aus Eisen oder Nickel an. Jeder Magnet hat einen Nordpol und einen Südpol. Entgegengesetzte Pole zweier Magneten ziehen sich an. Gleichnamige Pole hingegen stoßen sich ab. Magnetismus entsteht durch bewegte Ladungen und hat immer mit Elektrizität zu tun. Wenn elektrischer Strom durch einen Draht fließt, erzeugt er gleichzeitig ein Magnetfeld.

Schwerkraft
Jede Masse hat eine Schwerkraft, auch die Erde. Diese Erdanziehungskraft lässt den Apfel vom Baum fallen. Die Schwerkraft bewirkt auch, dass der Mond um die Erde und die Erde um die Sonne kreisen. Sterne haben eine viel größere Schwerkraft als die verhältnismäßig kleinen Planeten.

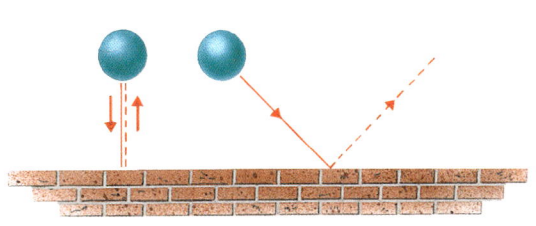

Reflexion
Wenn eine Welle auf eine Oberfläche trifft, wird sie zurückgeworfen – ähnlich wie ein Ball von einer Wand. Erst durch die Reflexion von Lichtwellen in einem Spiegel erkennen wir unser Spiegelbild.

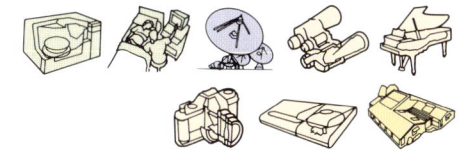

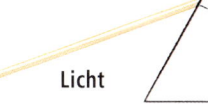

Licht

Brechung
Wenn Lichtwellen von einem Stoff in einen anderen übertreten, etwa von Luft in Wasser, so verändern sie ihre Ausbreitungsgeschwindigkeit und Richtung. Das nennen wir Brechung. Ein Glasprisma bricht einen Strahl weißen Lichts in alle Regenbogenfarben. Die verschiedenen Wellenlängen des Lichts werden dabei unterschiedlich stark gebrochen.

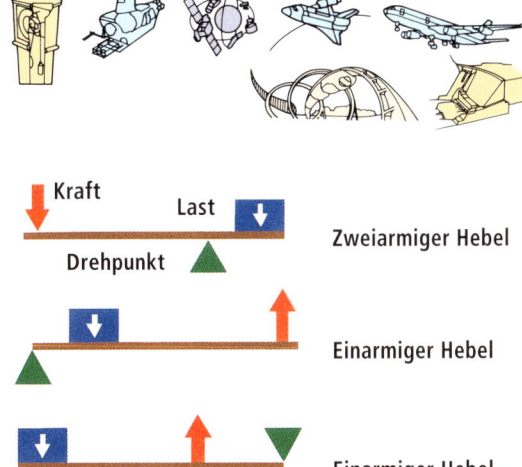

Hebel
Hebel übertragen Kräfte. Zu jedem Hebel gehört eine Kraft, eine Last und ein Drehpunkt. Liegen Last und Kraft auf verschiedenen Seiten des Drehpunktes, so spricht man von einem zweiarmigen Hebel. Greifen Last und Kraft auf derselben Seite des Drehpunktes an, so handelt es sich um einen einarmigen Hebel. Die Zange ist ein zweiarmiger Hebel, die Schubkarre und der Arm des Baggers sind einarmige Hebel.

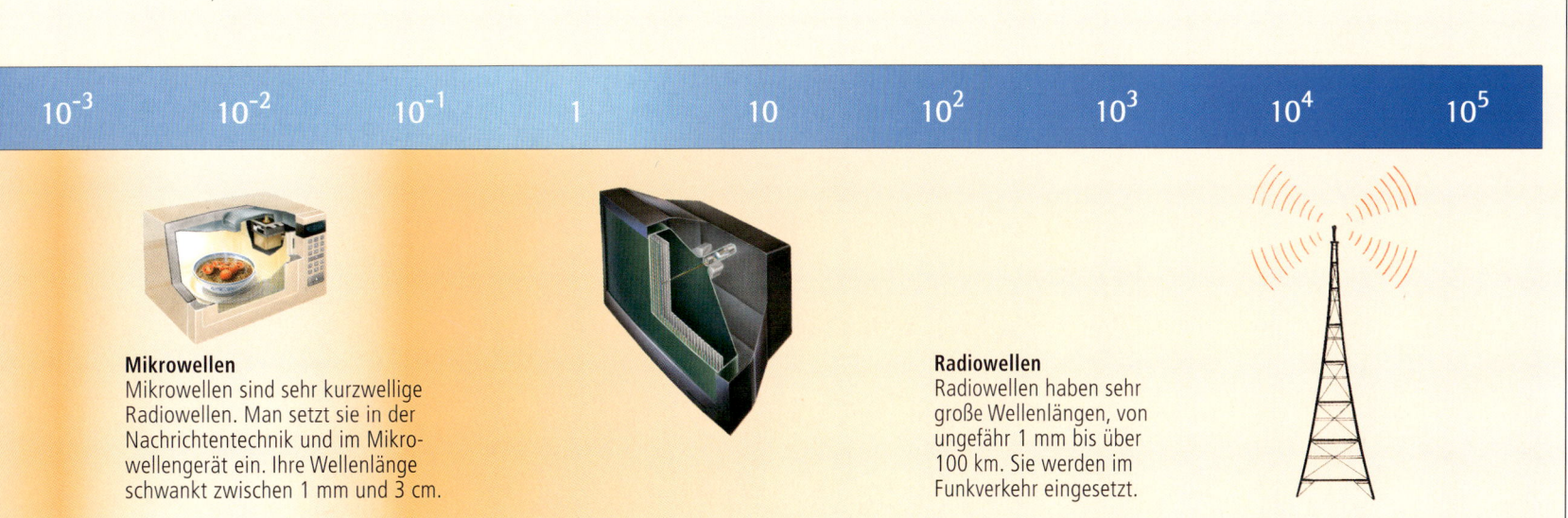

Mikrowellen
Mikrowellen sind sehr kurzwellige Radiowellen. Man setzt sie in der Nachrichtentechnik und im Mikrowellengerät ein. Ihre Wellenlänge schwankt zwischen 1 mm und 3 cm.

Radiowellen
Radiowellen haben sehr große Wellenlängen, von ungefähr 1 mm bis über 100 km. Sie werden im Funkverkehr eingesetzt.

Fachbegriffe

Strichcodeleser

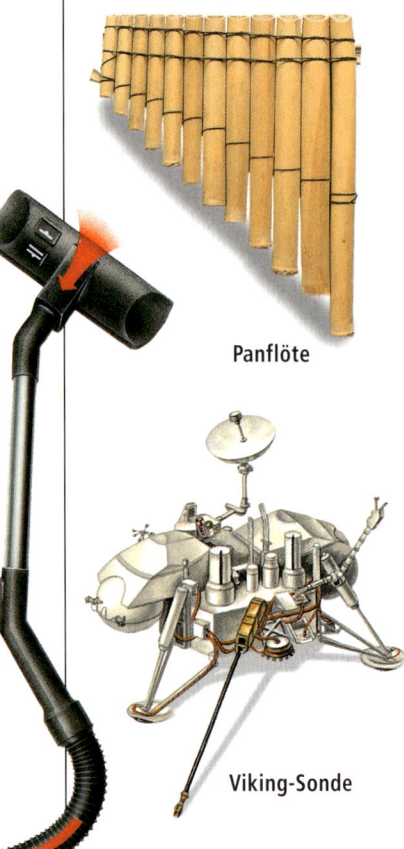
Fernglas

Panflöte

Viking-Sonde

Staubsauger

Amplitude Die Schwingungsweite einer Welle. Ein Ton mit einer großen Amplitude ist lauter als einer mit einer geringen Amplitude.

Antenne Antennen senden Radiowellen aus oder empfangen sie. Die einfachsten Antennen bestehen aus einem Metallstab. Fernsehantennen sind wie ein Rechen geformt und heißen Yagi-Antennen. Daneben gibt es heute schüsselförmige Antennen, wie sie die Radioteleskope verwenden.

Archimedische Schraube Röhre mit einer breiten Schraube im Inneren. Beim Drehen befördert sie zum Beispiel Wasser durch das Rohr.

Atom Atome sind winzige Teilchen der Materie und die kleinsten Teilchen, in die man ein chemisches Element zerlegen kann. Alle Materie auf der Erde besteht aus Atomen.

Auftrieb Ein schwimmender Körper taucht bis zu einer gewissen Tiefe ins Wasser ein. Er verdrängt dabei Wasser und erfährt dadurch eine nach oben gerichtete Kraft, den Auftrieb. Auch in Gasen gibt es einen Auftrieb, wie die Ballons zeigen.

Brennpunkt Im Brennpunkt treffen sich die Strahlen, die von einer Linse gebrochen werden.

CD Abkürzung für Compactdisc. Die CD speichert Musik in Form kleiner Vertiefungen (Pits), die von einem feinen Laserstrahl abgetastet werden.

CD-ROM Die CD-ROM entspricht in der Technik der CD. Sie wird in einen Computer eingeführt und speichert Texte, Bilder und Töne. Auch dieses Buch ließe sich als CD-ROM produzieren.

Daten Eine allgemeine Bezeichnung für alle Objekte, die ein Computer speichern und bearbeiten kann. Daten sind die Träger von Informationen.

Diskette Eine Magnetscheibe, auf der man die Daten für einen Computer speichern kann.

Elektron Winziges Elementarteilchen mit negativer Ladung. Elektrischer Strom entsteht durch das Fließen von Elektronen.

Emulsion Gemisch zweier nicht mischbarer Flüssigkeiten. Die eine Flüssigkeit liegt dabei in Form feinster Tröpfchen vor. Fotografische Filme enthalten mehrere Emulsionsschichten.

Faxgerät Fernkopierer, auch Telefaxgerät genannt. Das Faxgerät verwandelt Dokumente in digitale Form und überträgt die Daten auf ein anderes Faxgerät, wo eine Kopie des Dokuments entsteht.

Flüssigkristalle Bestimmte Stoffe, die sich teils wie Festkörper, teils wie Flüssigkeiten verhalten. Flüssigkristalle verwendet man vor allem für Anzeigen (LCD) in Taschenrechnern und Messgeräten.

Fotodiode Ein lichtempfindliches Gerät, das einfallendes Licht in elektrischen Strom verwandelt.

Frequenz Bei Wellen die Anzahl der Schwingungen pro Sekunde. Maßeinheit ist das Hertz. Je höher die Frequenz einer Schallwelle, umso höher ihr Ton.

Generator Generatoren verwandeln Bewegungsenergie in elektrische Energie. Den Strom erzeugen sie dabei mit Hilfe von Elektromagneten.

Gewicht Kraft, die auf alle Körper einwirkt, weil sie von der Schwerkraft der Erde angezogen werden.

Glasfaser Hauchdünne Faser aus hochreinem Glas, die Daten in Form von Laserimpulsen überträgt.

Gravitation So viel wie Schwerkraft.

Hardware Zur Hardware gehören Computer, Bildschirm, Drucker und alle angeschlossenen Geräte.

Information Mitteilung, Nachricht oder Unterrichtung. Damit der Computer Informationen verarbeiten kann, müssen diese in Daten umgesetzt werden.

Isolator Ein Stoff, der vor elektrischem Strom, vor Feuchtigkeit, Wärme, Kälte oder Schall schützt. Gute Isolatoren sind zum Beispiel Holz oder Keramik.

Konkav Eine konkave Linse ist nach innen gewölbt (Hohllinse). Sie zerstreut Lichtstrahlen.

Konvex Eine konvexe Linse ist nach außen gewölbt (Wölblinse). Sie bündelt Lichtstrahlen.

Laser Einfarbiges, extrem stark gebündeltes Licht. Laserstrahlen finden heute überall Anwendung: z. B. beim Drucker, beim CD-Player, bei der Scannerkasse und bei Augenoperationen.

Licht Eine Form der Energie, der sichtbare Ausschnitt aus den elektromagnetischen Wellen.

Luftwiderstand Ein Körper, der sich durch die Luft bewegt, wird vom Luftwiderstand abgebremst. Der Luftwiderstand nimmt mit der Geschwindigkeit zu.

Mikrofon Das Mikrofon verwandelt Schallwellen in elektrische Schwingungen.

Molekül Jedes Molekül besteht aus zwei oder mehr Atomen. Moleküle sind die kleinsten Einheiten einer chemischen Verbindung.

Neonröhre Volkstümliche Bezeichnung für die Leuchtstoff- oder Gasentladungslampen.

Objektiv Eine Linse oder eine Gruppe von Linsen, die dem zu betrachtenden Objekt zugewandt ist. Objektive im Fernglas und im Mikroskop erzeugen eine Vergrößerung.

Okular Eine Linse oder eine Gruppe von Linsen, die dem Auge zugewandt ist und durch die man beim Fernglas und Mikroskop blickt. Okulare vergrößern.

Radar Ein Verfahren zur Ortung von Flugzeugen und Schiffen. Man sendet Radiowellen aus und fängt die reflektierten Wellen wieder auf.

Radioteleskop Eine riesenhafte Schüssel, mit der man Radiowellen aus dem Weltall auffängt.

Rakete Flugkörper mit chemischem Antrieb. Man verbrennt im Triebwerk meist Wasserstoff und Sauerstoff. Dabei wird Energie in Form heißer Abgase frei. Diese treiben die Rakete vorwärts.

Röntgenstrahlen Sehr energiereiche elektromagnetische Strahlung. Röntgenstrahlen durchqueren die weichen Teile des Körpers und werden vor allem von Knochen und Zähnen zurückgehalten. Sie schwärzen fotografische Filme. Mit Hilfe von Röntgenstrahlen kann man somit ins Innere des Körpers sehen.

Rotor Ein sich drehendes Teil einer Maschine. Rotoren gibt es zum Beispiel bei Generatoren, Hubschraubern und Windkraftanlagen.

Satellit Satelliten kreisen in geschlossenen Bahnen um Planeten. Die Erde hat einen natürlichen Satelliten, den Mond. Ferner kreisen um sie hunderte von künstlichen Satelliten.

Schub Die nach vorn gerichtete Kraft, die eine Strahlturbine oder ein Raketentriebwerk erzeugt.

Schwerkraft Jeder Körper hat eine Masse und übt somit eine Schwerkraft oder Gravitation auf andere Körper aus. Die Erde zieht zum Beispiel den Mond an und der Mond gleichzeitig die Erde. Die Größe der Schwerkraft bestimmt das Gewicht des Körpers.

Sensor Sensoren oder Detektoren orten Stoffe oder Strahlen. Man kann mit ihnen zum Beispiel elektrischen Strom, Röntgenstrahlen, Radioaktivität, Wärmequellen oder Giftstoffe aufspüren.

Silizium Ein chemisches Element, aus dem man Halbleiter, Transistoren und Chips mit integrierten Schaltungen herstellt.

Software Gesamtheit der Programme und Daten, mit denen ein Computer arbeitet. Die technische Ausrüstung heißt Hardware.

Solarzelle Solarzellen verwandeln Licht direkt in elektrischen Strom.

Stator Der unbewegliche Teil eines Generators.

Strichcode Ein Muster unterschiedlich breiter schwarzer Linien. Der Strichcode verschlüsselt Produktinformationen und wird an der Scannerkasse vom Lasergerät abgelesen.

Trägerwelle Die Radiowelle, der man die Information aufmoduliert.

Turbine Turbinen verwandeln die Bewegungen von Flüssigkeiten oder Gasen in Drehbewegungen. In Kraftwerken sind Turbinen mit Generatoren verbunden, welche die Drehbewegung in elektrische Energie umwandeln.

Ultraschall Schallwellen mit sehr hoher Frequenz, die wir nicht mehr hören können.

Ventil Vorrichtung, mit der man das Hindurchströmen von Flüssigkeiten oder Gasen steuern kann. Die Ventile beim Fahrradreifen verhindern, dass Luft austritt. In die andere Richtung kann man jedoch immer Luft nachpumpen.

Wendel Der dünne Metalldraht im Inneren von Glühlampen. Er leuchtet hell auf, wenn elektrischer Strom hindurchfließt. Die Wendeln bestehen aus Metallen mit sehr hohen Schmelzpunkten, vor allem aus Osmium oder Wolfram.

Stethoskop

Faxgerät

Spiegelreflexkamera

Transport-Betonmischer

Fahrrad

Register

A
Achterbahn 38–42
Aerodynamik 60
Airbus A340 56, 57
Amplitude 27, 62
Amplitudenmodulation 27
Anode 10
Antenne 26, 27, 30, 31, 48, 62
Archimedische Schraube 21, 62
Atom 62
Auftrieb 54, 56, 62
Ausleger 20
Auto 12, 50, 51

B–C
Ballast 54, 55
Ballon, Heißluft- 56
Bankautomat 22, 23
Banknote 22, 23
Batterie 10, 31, 51, 55
Baumaschinen 20, 21
Betonmischer 20, 21
Bewässerung 8
Bewegliche Bilder 38, 43
Bildschirm 32, 48
Blasinstrumente 46
Boot 6, 54, 55
Brechung 35, 61
Bremsen 50, 51
Brennpunkt 36, 37, 62
Büromaschinen 18, 19
CD 44, 45, 62
CD-Player 44, 45
CD-ROM 32
Chipkarte 23
Computer 6, 18, 22–33, 39, 41, 43, 51
Computerkasse 22
Cursor 32

D–E
Dampflok 52
Daten 62
Diebstahlsicherung 22, 23
Dieselelektrische Lokomotive 52
Diesellok 52
Digital-Analog-Wandler 45
Digitaluhr 14, 15
Diskette 33, 62
Diskettenlaufwerk 33
E-Mail 18
EAN-Code 22
Eisenbahn 52, 53
Eisenbahnsignale 52
Elektrische Energie 6–13
Elektrolok 52, 53
Elektromagnetische Wellen 30, 31, 44, 48, 49, 60, 61
Elektronen 13, 49, 62
Elektronenstrahlen 49
Emulsion 37, 62
Energie s. Elektrische Energie, Sonnenenergie, Wasserenergie, Windenergie
Energiesparhaus 11–13

F–G
Fahrdraht 53
Fahrrad 50
Faxgerät 18, 19, 62
Fernbedienung 16, 49, 60
Fernglas 34, 35
Fernrohr 35
Fernsehen 16, 26, 28, 48, 49
Film, fotografischer 24, 36, 37
Film, Kino- 38, 43
Filmprojektor 38, 43
Flaschenzug 20, 21
Flügel (Klavier) 46, 47
Flügel (Flugzeug) 56, 57
Flügelblende 42
Flugzeuge 56, 57
Flüssigkristallanzeige 31, 62
Fotodiode 45, 63
Fotografie 28, 36, 37
Frequenz 27, 62
Frequenzmodulation 27
Gammastrahlen 60
Gangschaltung 50
Generator 7–11, 62
Geostationärer Satellit 28
Getriebe 7, 15, 50, 51
Gewicht 20
Glasfaserkabel 30, 31, 62
Glühlampe 11
Gravitation 62

H–J
Haftnotizzettel 19
Hardware 62
Haushaltsgeräte 16, 17
Hebel 61
Heftmaschine 19
Heißluftballon 56
ICE 52, 53
Information 62
Infrarot 60
InterCityExpress 52, 53
Isolator 62
Isolierung 12, 16

K
Kamera 28, 36, 37
Kathode 10
Klavier 46, 47
Kippspiegel 37
Kompaktkamera 36
Kompass 54
Konkave Linse 35, 62
Konkaver Spiegel 42
Konvexe Linse 35, 62
Konvexer Spiegel 42
Kraftwerk 8–10
Kran 20, 21
Kreditkarte 23

L–M
Laser 22, 44, 45, 62
Leuchtstofflampe 11
Licht 34, 36, 44, 60, 62
Lichtbrechung 35, 61
Linse 34–38
Livesendung 28
Lochmaske 48
Lokomotiven 52, 53
Luftdruck 56, 60
Luftwiderstand 57, 62
Magnetfeld 10, 30, 44, 51, 52, 61
Magnetismus 61
Magnetron 17
Magnetschwebebahn 52
Maschinen 14–25
Maus 32
Medizintechnik 24, 25
Mikrofon 31, 44, 45, 63
Mikroprozessor 32
Mikroskop 34
Mikrowellen 16, 17, 61
Mikrowellengerät 16, 17
Mobiltelefon 30, 31
Molekül 17, 63
Motoren 16, 21, 51, 57, 58
Mühle 7
Musikinstrumente 46, 47

N–Q
Navigation 55, 57
Negativ 27
Neonröhre 11, 63
n-leitende Schicht 13
Oberleitung 53
Objektiv 34, 35, 63
Okular 34, 63
Orbiter 58, 59
Panflöte 46
Pendeluhr 14, 15
Personalcomputer 32, 33
Piano 46, 47
Pit 45
p-leitende Schicht 13
Posivit 37
Prisma 35, 37, 61
Projektor 38, 43
Quarzuhr 14, 15

R
Radar 57, 63
Räderuhr 14, 15
Radioteleskop 26, 27, 63
Radiowellen 16, 26, 30, 48, 61
Rakete 58, 63
Raster 18
Raumfahrt 28, 29, 58, 59
Raumgleiter 58, 59
Reflexion 61
Resonanzboden 46
Rollen 20, 31
Röntgenstrahlen 24, 60, 63
Rotor 10, 42, 63
Rummelplatz 39–42
Rundfunkgerät 26, 27, 44

S
Saiteninstrumente 46, 47
Satellit 12, 26, 28–30, 55, 63
Satellitennavigation 55
Sauerstoff 58, 60
Scanner 22, 25
Scannerkasse 22
Schall 44–47
Schallaufzeichnung 44, 45
Schiffe 6, 54, 55
Schlagzeug 46, 47
Schlitzmaske 48, 49
Schrägspuraufzeichnung 48
Schub 56, 63
Schwerkraft 61, 63
Segelboot 54
Sensor 63
Shuttle 58, 59
Sicherheitsmarke 22, 23
Silizium 13, 63
Software 32, 33, 63
Solarzelle 12, 13, 63
Sonde 58
Sonnenenergie 12, 13, 29
Sonnenkollektor 12, 13
Sonnenkraftwerk 12, 13
Sonnenuhr 14
Spaceshuttle 58, 59
Spiegel 42, 61
Spiegelreflexkamera 36, 37
Spurweite 53
Stator 10, 11, 63
Staubsauger 16
Staudamm 9
Stethoskop 24
Stoppuhr 15
Strichcode 22, 63
Stromabnehmer 11, 53
Stromlinienform 53, 60
Stromübertragung 10, 11
Sucher 36, 37

T
Talsperre 9
Tauchboot 54, 55
Telefon 18, 28, 30, 31
Telekommunikation 26–33
Teleobjektiv 36
Toilettenspülung 17
Tomograf 24, 25
Tonband 44
Tonbandgerät 44
Tonfilm 43
Trägerwelle 25, 27, 63
Transformator 8–11
Transport 50–59
Transportmischer 20
Treibhaus 13
Trickfilm 43
Turbine 6–10, 63
Turmkran 20, 21

U–V
Überlandleitung 8
Uhr 14, 15
Ultraschall 24, 25, 63
Ultraschallgerät 24, 25
Umlaufbahn 28, 29
Unterseeboot 54
UV-Strahlen 11, 60
Ventil 17, 63
Vermittlungsstelle 31
Verbrennung 60
Verbrennungsmotor 50, 51, 57
Verkehr 50–59
Verkehrsampel 51
Verschluss 37, 38
Videorekorder 16
Vortrieb 56

W–Z
Waschmaschine 16
Wasserbehälter 17
Wasserkraft 8–10
Wassermolekül 17
Wasserrad 8, 9
Wasserwiderstand 54
Weitwinkelobjektiv 36
Weltraum 28, 29, 58, 59
Wendel 11, 63
Wettersatellit 28, 29
Winde 20, 21
Windfarm 6, 7
Windkraft 6, 7
Windmühle 6, 7
Walkman 44
Xylofon 46
Zeitmessung 14, 15
Zoom-Objektiv 36

Bildnachweis

(l=links, M=Mitte, o=oben, r=rechts, u=unten, H=Hintergrund, R=Rückseite, U=Umschlag, V=Vorderseite)
Ad-Libitum, 4ol, 7or, 9or, 11or, 14Ml, 15ur, 15M, 19Mr, 20Ml, 21or, 22ul, 23ur, 23or, 24ul, 32ol, 33Mr, 35or, 36ul, 41Mr, 42oM (Luna Park Amusements Pty Ltd, Australia), 46u, 46Ml, 49ol, 50ul, 50ol, 54ol (Australian National Maritime Museum), 60uMo, 60ur, 62Ml, 62ol, 63ul, 63or (S. Bowey). **Austral International**, 28ul (FPG International). **Australian Picture Library**, 45or (M. Smith/Retna Pictures), 26/27 (S. Vidler). **Bruce Coleman Ltd**, 6ul (M. Ide/Orion Press). **Heather Angel**, 34Ml, 34oMl, 34ol. **The Image Bank**, 31Ml (A. Pasieka). **International Photographic Agency**, 37Mr, 57ur (SuperStock). **Panos Pictures**, 9ur (J. Dugast). **The Photo Library**, Sydney, 24ol (C. Bjornberg/Photo Researchers, Inc), 45ul (J. Burgess/SPL), 15or (M. King), 58ol (NASA/SPL), 27or (NRAO/SPL), 52l (Photo Researchers, Inc), 54uM (C. Secula), 29or (SPL). **Photo Researchers, Inc**, 8ul (J. Steinberg). **Robert Harding Picture Library**, 14ol. **Tezuka Production Co Ltd**, 43ur (O. Tezuka). **Tom Stack & Associates**, 13oM (G. Vaughn).

Grafik
Colin Brown/Garden Studio, 18/19M, 18u, 19or, 19u, 44/45M, 44l, 44ur, 63oMr. **Lynette R. Cook**, 5r, 58/59u, 58u, 58or, 62uMl. **Christer Eriksson**, 4ul, 4M, 4or, 39–42M (Luna Park Amusements Pty Ltd, Australia). **Rod Ferring**, 50/51M, 51or. **Chris Lyon/Brihton Illustration**, 14/15M. **Martin Macrae/Folio**, 54/55M, 55ur. **David Mathews/Brihton Illustration**, 36/37M, 37ur, 63Mr (Pentax, CR Kennedy & Co, Australia). **Peter Mennim**, 4/5u, 30l, 30u, 31.r. **Darren Pattenden/Garden Studio**, 24/25M, 24oM, 25r, 60ul. **Oliver Rennert**, 6/7M, 7ur (Vestas-Danish Wind Technology A/S), 8/9M, 9uM. **Trevor Ruth**, 28/29M. **Stephen Seymour/Bernard Thornton Artists**, UK, 10/11o, 10/11u, 10u, 11u, 52/53M, 52uM, 52ol, 53M. **Nick Shewring/Garden Studio**, 46/47M, 47or, 47ur. **Kevin Stead**, 2/3, 20/21M, 21ur, 21M, 38/43M, 63uMr. **Ross Watton/Garden Studio**, 22/23M, 23Mr, 48/49M, 48ul, 49ol, 49ur, 61uM. **Rod Westblade**, 5oM, 12/13M, 13ur, 15uM, 16/17M, 16l, 17ur, 26M (Radiotelescope, Parkes, NSW, CSIRO Australia), 26u, 27u, 29or, 31uM, 32/33M, 32ul, 33or, 42r (Luna Park Amusements Pty Ltd, Australia), 56/57M, 56ur, 57uM, 59oM, 60/61o, 60/61M, 60uM, 61ul, 62ul, endpapers, icons. **David Wood**, 1, 34/35M, 34oM, 35ur, 62oMl.

Umschlag
Ad-Libitum, H (S. Bowey). **Colin Brown/Garden Studio**, VUor. **Peter Mennim**, VUl. **Oliver Rennert**, RUol. **Trevor Ruth**, RUur. **Rod Westblade**, VUM. **David Wood**, VUur.